NF文庫
ノンフィクション

新装版

恐るべきUボート戦

沈める側と沈められる側のドラマ

広田厚司

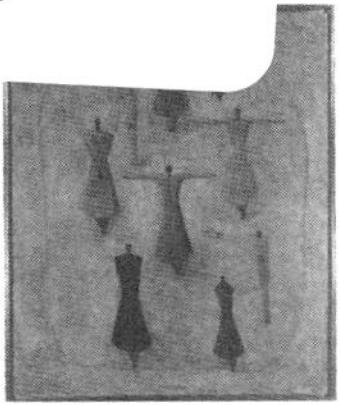

潮書房光人新社

はじめに

実は二〇〇三年六月に、拙著『Uボート入門』光人社刊を刊行した折に「知られざるUボート・エース」といった項を設けようと考えていたが、あれもこれもと広範囲に記述が及んでしまった結果、実に六四八ページにわたる著作になってしまい、このプランを掲載することができなくなってしまったのである。しかし、いずれ陽の目を見せたいと思い、それ以来収集した多くの資料の取捨選択を進め、一〇篇にまとめ上げて収録したのが本書となった次第である。

二次大戦におけるUボートの就役数一一五〇隻のうち喪失艦は七八一隻である。一方、連合・中立国所属の撃沈された船舶数は実に二六〇三隻で一三五七万トンである。このほかに戦闘艦艇は一七五隻が撃沈されたとされるが、こうした撃沈劇の大半は北、中央、南大西洋、カリブ海、地中海などとその周辺海域で行なわれた。このように、歴史の中で一時代を画したUボートに関する興味は世界的に高く、今日においても書物や記録に多く接することができる。しかし、一方では沈められた側の記録に出会えることはほとんどないと言ってよいくらいである。

そこで、本書をまとめる上で一つのコンセプトを明確にしようと考えた。それは、単にUボート・エースの記録とすることではなく、沈める側のドラマとともに、存在するはずの沈められる側の記録を掘り起こして一つの流れにするということである。幸いなことに沈められた側の記録が充分とはいえないまでも、英国の国立記録保存所の協力により得ることができ、まがりなりにもこのコンセプトに沿った本書を上梓することができた。

詳しくは本文をお読みいただきたいが、収録された一〇篇のストーリーについて若干の紹介をしておきたい。

まず、第1章はU29に撃沈された英空母カーレジアス側の記録と併せて、著名なUボート戦のエース・オットー・シュハルトとU29の行動を描いた。

第2章はハンス・イェニシュとU32そして、豪華客船として一世を風靡したエンプレス・オブ・ブリテン（英国の女王）の撃沈劇であるが、同船のC・H・サプスウォーク船長の残した日誌は今日読んでも生々しく読者の興味をそそると思われる。

第3章はフライヘァ・ディートリッヒ・フォン・ティーゼンハウゼンのU331が撃沈した「戦艦バーラム」の話である。ことに、バーラム雷撃の一部始終を見ていた戦艦バリアントの乗員の記録から沈没劇を再現することができた。また、第500ニュージーランド飛行隊の記録からはイアン・パターソン少佐のハドソン機とU331の凄絶な最期を見ることができる。

第4章はU178の艦長で当時すでに四二歳だった「年配の艦長」ハンス・イベッケンと、彼が沈めた豪華客船ダッチェス・アトールが主役である。また、同艦に沈められた英船メンドーサやアドバイザーの乗員記録が雷撃を受けた商船の凄惨な実態を明かしてくれる。

第5章はカール・エンマーマンとU172、そしてオリエント・ラインに就航していた豪華船オーカデスの沈没である。そのほか、撃沈された英船ベンローモントの乗員だった「プーム・リム」の一三〇日間！　におよぶ大海漂流と奇跡の生還物語には驚かれることであろう。

第6章はエルンスト・ブリューラーとU407、そして「P・&・Oライン」の豪華船バイセロイ・オブ・インディア（インド総督）の撃沈と、雷撃を受けた英巡洋艦バーミンガムの様子を英側の記録により再現した。

第7章は若きホルスト・ハムとU562そして「ストラス」と愛称された、兵員輸送船となった豪華船ストラーサランの撃沈ドラマである。歴史に「if」はない。しかし、あえて言えばU562の発射した二発の魚雷のうち、もう一発が命中していたら、連合軍のシシリー島上陸作戦に大きな影響を与えたのではないかと思われる。

第8章はアドルフ・ピーニングとU155が沈めた護衛空母アヴェンジャーの話である。そして、それ以外にU178が沈めた英船クランマクノートンの乗員の漂流物語や、英船エンパイヤ・アーノルドの一等航海士の手記など、雷撃された側の実態を良く知ることができるだろう。

第9章はグスタフ・ポーエルとU413が沈めた豪華客船「ワーウイック・キャッスル」と、同名の駆逐艦「ワーウイック」を撃沈した偶発性の物語である。

第10章はフリードリッヒ・グッゲンベルガーのU81と、新鋭空母アークロイヤル撃沈のストーリーが中心であるが、次の艦長となった「ハノー」・クレイグによるシシリー島上陸戦中にシラクサ港に大胆にも潜入攻撃した話を収めた。

加えて、各章で主役となるUボートのほとんどの活動記録を収録したほか、文中に説明を要する事柄には可能な限り脚注を設け、各章末に掲載して読者の利便をお図りした。なお、Uボートに関する開発史や技術面の事柄、あるいは暗号戦については拙著（光人社刊『Uボート入門』と『エニグマ暗号戦』）に詳しいことを付加させていただきたい。

いずれにしても、「攻撃する側」と「沈められる側」を対比記述するという手法は難しく、バラバラな事実を一つずつ記録の中から拾い上げ積み上げてゆくことはかなりの手間である。また、小説的な見方からすれば起伏に乏しいうらみがあって、淡々とした事実の記述は時として読者の興味を殺ぐ場合もあるかもしれない。しかしながら、最初に述べた「沈められた側のことを知る」というコンセプトに、本書がいくらかなりと迫ることができたとしたら嬉しい限りである。

最後に本書の刊行にあたり、多くのご協力をいただいた光人社編集部の各位に心よりお礼申し上げたい。

二〇〇五年六月十日

著者　記す

恐るべきUボート戦——目次

はじめに
第1章　U29と空母カレージアス　17
第2章　U32と豪華客船エンプレス・オブ・ブリテン　57
第3章　U331と戦艦バーラム　97
第4章　U178と豪華客船ダッチェス・アトール　137
第5章　U172と船員プーム・リムの漂流一三〇日　157

第6章　U407と東洋航路の豪華客船バイセロイ・オブ・インディア　183
第7章　U562と豪華客船ストラーサラン　203
第8章　U155と護衛空母アヴェンジャー　219
第9章　U413と客船ワーウイック・キャッスル　257
第10章　U81と新鋭航空母艦アークロイヤル　279
主要参考文献・資料　319

写真提供／著者

アイスランド
北
海
英国諸島
ヨーロッパ
ビスケー湾
フェニステレ岬
ジブラルタル海峡
地
中
海
カサブランカ
カナリー諸島
モロッコ
スエズ
ダカール
カーボヴェルデ諸島
シエラレオーネ
アフリカ大陸
フリータウン
ギニア湾
モンバサ
アセンション諸島
モザンビーク海峡
モザンビーク
マプート
南アフリカ
ダーバン
ケープタウン
マダガスカル島
ポートエリザベス
インド洋

グリーンランド
カナダ
北大西洋
ケベック
レース岬
ノヴァスコシア
ハリファクス
アメリカ
ニューヨーク
ハッテラス岬
ケイマン諸島
アゾレス諸島
バーミュダ
キューバ
ジャマイカ（キングストン）
カ
リ
ブ
海
プエルトルコ
中央大西洋
ハイチ
バルバドス
トリニダードトバゴ
（ポート・オブ・スペイン）
コスタリカ
パナマ
ジョージタウン
パラマリボ
ベレム
（アマゾン河口）
南米大陸
リオデジャネイロ
ブエノスアイレス
モンテヴィデオ
（ラプラタ河口）

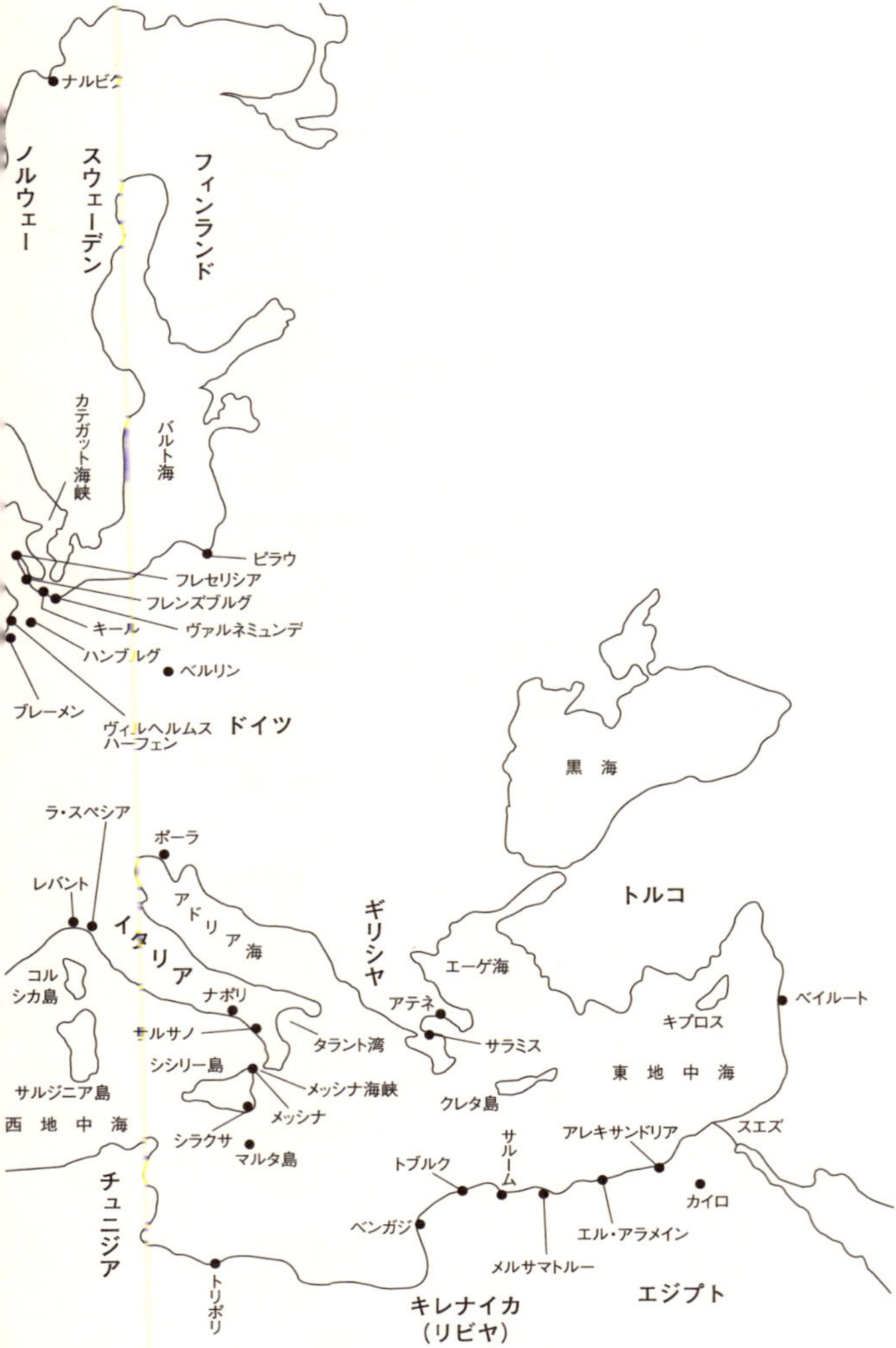
ナルビク
ノルウェー
スウェーデン
フィンランド
カテガット海峡
バルト海
ピラウ
フレセリシア
フレンズブルグ
キール
ヴァルネミュンデ
ハンブルグ
ベルリン
ブレーメン
ヴィルヘルムスハーフェン
ドイツ
黒海
ラ・スペシア
ポーラ
レバント
イタリア
アドリア海
ギリシャ
トルコ
コルシカ島
エーゲ海
ナポリ
アテネ
ベイルート
サルサノ
タラント湾
サラミス
キプロス
シシリー島
メッシナ海峡
東地中海
サルジニア島
メッシナ
クレタ島
西地中海
シラクサ
アレキサンドリア
スエズ
マルタ島
サルーム
トブルク
カイロ
チュニジア
ベンガジ
エル・アラメイン
メルサマトルー
トリポリ
エジプト
キレナイカ
（リビヤ）

グリーンランド
フェアウェル岬
アイスランド
ノルウェー海
トロンヘイム
フェロー諸島
フェア島
シェランド諸島
ベルゲン
オークニー諸島
（スカパ・フロー）
スタバンゲル
クリスチャンサン
スカゲラク海峡
北大西洋
ヘブリディーズ諸島
ロックオール
グラスゴー
ジャル
クライド湾
フリージア諸島
アイルランド
アイリッシュ海
リヴァプール
エムデン
ダンケルク
英国
ケルト海峡
ファストネット
セントデービッド岬
サザンプトン
ブリストル海峡
プリマス
シリー諸島
英国海峡
フランス
バンヌ
ブレスト
サンナゼール
ロリアン
ラ・ロッシェル
ラ・パリス
メリニャック
ボルドー
オルテガル岬
ツーロン
マルセイユ
ビゴー
ポルトガル
スペイン
リスボン
バレアレス諸島
タリファ
セントヴィンセント岬
アルジェ
トラファルガー岬
ジブラルタル
オラン
アルジェリア
モロッコ

恐るべきUボート戦

――沈める側と沈められる側のドラマ

第1章　U29と空母カレージアス

——混同を回避するために、ドイツの潜水艦はこれより以降、あらゆる公式記録と公表において「Uボート」と記述される。ウインストン・チャーチル——一九三九年九月四日

一九三九年（昭和十四年）九月一日、ポーランド軍の軍服を着たドイツのSS（親衛隊）の一部隊が、ドイツ・ポーランド国境グライビッツにあるドイツ語放送局を襲撃した。これをポーランド軍の先制攻撃だとする口実をもうけて、ドイツの大軍はポーランドへ突如なだれ込んだ。これに対して英国は九月二日から三日の夜中にかけて緊急閣議を開き対ドイツ開戦が決定され、ただちにベルリンの英大使に対して、正式な外交ルートを経てドイツへの宣戦布告を通告すべしと訓令が発せられた。

折から九月三日は日曜日であったが、午前九時にネヴィル・ヘンダーソン英大使がベルリンのドイツ外務省におもむいて、ヨアヒム・フォン・リッベントロップ外務大臣と会い「この申し入れから二時間以内にドイツがポーランドから撤退しない場合、英政府はドイツに宣

オットー・シュハルト大尉が指揮したU29（ⅦＡ型）で、1936年11月に就役、５門の魚雷発射管を有した。開戦劈頭に英空母カレージアスを沈めた。

戦を布告する」と通告した。

そして、その朝の午前十一時十五分にロンドンのダウニング街にある英首相官邸から、ＢＢＣ放送を通じて、ネヴィル・チェンバレン首相がドイツとの戦争が始まったことを国民に知らせたのである。

カール・デーニッツ大佐（注１―１）の指揮する五四隻のＵボートのうち、一二隻の航洋型Ｕボート（注１―２）がすでに大西洋上に展開していて英国周辺海域では海の初期戦闘が始まっていた。英国がドイツに宣戦を布告したその夜、アイリッシュ海北方とジブラルタル海峡の間で哨戒任務につく、フリッツ・ユリウス・レンプ大尉（注１―３）の指揮するＵ30（注１―４）が、英国から米国に向けて無灯火でジグザグ航行中の、英ドナルドソン汽船所属の客船アセニア（一万三〇〇〇トン）をヘブリデーズ諸島沖（スコットランド北西部の諸島）で発見した。レンプ艦長はこれを兵員輸送船だと判断して、アイルランド西方四〇〇キロにおいて三本の魚雷を発射して撃沈した。アセニアには子供と女性を含む乗客多数が乗船していて、救命艇で洋上へ逃れた乗員と乗客をノルウェー・タンカーのクヌート・ネルソン、スウェーデン船のサザン・クロス、そして、英護衛艦エレクトラなどが救助したが

緒戦で活躍した2隻のUボート、U29のシュハルト艦長(左)とU30のフリッツ・ユリウス・レンプ艦長——いずれも白い帽子の人物が艦長である。

不幸にも一二八名が犠牲になった。

このとき、外洋で活動していたUボート（注1―5）は、U12、U13、U15、U16、U17、U20、U21、U23、U24、U56、U58およびU59であるが、すでに彼らは開戦一週間前の八月二十五日にBdU（注1―6）の指令により、北ドイツの基地からひそかに出港して哨戒任務についていたのである。

英空母カレージアスを撃沈して本章の主役となるU29は、これらの艦よりもさらに一週間早い一九三九年八月十九日に、ヴィルヘルムスハーフェン（ドイツ北部北海のヤーデ・ブーゼ湾に面する軍港）をそっと滑り出していった。指揮するオットー・シュハルトは一九〇九年にハンブルグで生まれ、一九二九年に海軍兵学校を卒業してエムデンやカールスルーェなど二隻の軽巡洋艦で勤務し、転じてヴィルヘルムスハーフェン

狼群攻撃を推進したUボート艦隊司令官(BdU)のカール・デーニッツ提督とUボート乗員たち。

の第2Uボート戦隊本部員を務めたのちの一九三八年にU25の艦長になり、翌三九年四月に三〇歳でU29の艦長に転じて五ヵ月が過ぎたばかりであった。

　U29は中型航洋タイプのⅦA型（一〇隻建造）であるが、この型はキールのゲルマニア・ヴェルフト造船所で四隻、そして、ブレーメンのヴェーザァ造船所で六隻建造されたうちの一隻で一九三六年十一月に就役した艦だった。ⅦA型は前方に四門と後部に一門の魚雷発射管を有するが、艦尾上部にその発射管が盛り上がるように装備されているので、多くの派生型の中でも外観的に識別することが容易だった。

　一方、英海軍の戦闘艦としてUボートの最初の犠牲となったカレージアスは、基準排水量二万二五〇〇トン（満載で二万七五六〇トン）の航空母艦である。この艦は一次大戦時の一九一五年に英国の緊急建造計画による軽巡洋戦艦として、アームストロング社で建造が開始されて完成したのは一九一七年だった。この軽巡洋戦艦は一次大戦時の海軍軍令部総長ジョン・A・フィッシャー卿（注1－7）が提唱した、バルト海沿岸部における上陸作戦を支援することを目的として三隻計画された艦であるが、バルト海は水深が浅いために水線下（喫水線）より下の船体が六・七～八・五メートルと通常の艦よりも浅く設計されていたのが特徴だった。武装は強力な三八・一センチ砲四門を搭載していたが、悪天候の航海中に受ける強い向かい風と大波によって、艦体前部に大きな負担がかかるという問題を抱えていたが、この欠陥はそれ以降の改装によって改善されていた。なお、同型艦にグローリアスとフューリアスがあったが、これらはいずれも航空母艦に生まれ変わって二次大戦で用いられた。

シュハルト少佐（最終階級）で、12隻8万3688トンを撃沈し騎士十字章を受章した。

一次大戦が終了した後の一九二四年六月にカレージアスはダヴェンポート造船所において航空母艦に改装され、四年後の一九二八年五月五日に完成した。本艦は軽巡洋戦艦時代の一八基のボイラーと四軸ギァ・タービンの組み合わせにより九万馬力で最高速力三二ノットを発揮したが、改装後は重量が増して三〇ノットと性能が若干落ちはしたが依然として高速性においては世界の最高水準に

巡洋戦艦として一次大戦時に完成したカレージアスだが、1928年に高速空母に改装された。英海軍の戦闘艦としてUボートの最初の犠牲となった。

あり、大西洋横断航海を四日間で行なうことができたほどだった。長さ二四〇メートルの大きな飛行甲板中央には長い白線が引かれ、飛行甲板上の大煙突と指揮艦橋は右舷前方に配置された、いわゆるアイランド型（注1―8）である。そして、発艦カタパルトは二基あり、着艦する機は着艦フックを索に引っ掛けて停止させる装置を備えたほか、夜間着陸を助けるために甲板には沈下型の着陸灯が装備されていた。

下甲板から艦載機を乗せて上甲板に上げる大型昇降エレベーターは飛行甲板の前後に二ヵ所あり、艦の周囲には機体転落防止用の防護ネットが張られて着陸誘導員が甲板上に配置されていた。そして、飛行甲板と一体になった下部区画は大格納庫であり、巨大な機体昇降用エレベーターと連動して迅速な機体の発艦を可能にした。そのほか、飛行甲板より一段低いデッキが飛行甲板を取り巻くように配置され、航空攻撃を想定した二〇ミリ対空機関砲一六門がずらりと空を睨んでいた。規定の乗員数は一二一六名で最大搭載機数は四八機だった。

だが、カレージアスは空母としては幾つか難点があり、

航空母艦カレージアス。大戦初期に英船団航路の護衛を専門に行なった。
向こう側には同型艦グローリアスやフラットデッキのアーガスも見える。

ことに艦尾方向では滝のように流れる気流の乱れがパイロットを悩まし、大きな煙突から出る熱い排気熱流は機体の操縦を難しくしていたが、一〇年後の一九三八年になって大幅な近代化改装が行なわれた結果、こうした欠点は大きく改善されていた。また、英海軍の空母にはカレージアスのほかに前述のフューリアス、グローリアスとイーグル、ハーミス、アーガス、アークロイヤル（第10章参照）があり、アーガスは上部構造物のない完全平坦な飛行甲板を備えた艦だった。

欧州に重苦しい戦雲が垂れ込めた一九三九年の初め、英海軍には八万名の予備将兵がいたが、同年六月には時勢を反映して一万五〇〇〇名が海軍に復帰してなお多数が待機していた。航空母艦カレージアスは、戦時となればUボートの脅威をすぐに受けるであろう、英国周辺の商

空母艦載機でもっぱらUボートの哨戒飛行に用いられたのは
旧式複葉機のフェァリー・ソードフィッシュ雷撃機だった。

船航路を守るために配備される予定であり、その乗員として海軍補充兵と一部の退役軍人も召集されていた。また、英本国艦隊は同年八月三十一日までに砲弾搭載などの戦闘準備を行ない、商船航路を哨戒する空母カレージアスとハーミスの護衛を行なうために、戦艦レゾリューション、リヴェンジ、巡洋艦セレス、カラドック、カイロおよび、第18駆逐艦戦隊の九隻の護衛駆逐艦がウェイマウス湾（英国海峡）に集まっていた。

一九三九年九月二日、カレージアスは海軍省の命令で駆逐艦スターディを伴ってプリマス（英国海峡プリマス湾に面する）へと移動していたが、その途上、乗員たちはマケイグ・ジョーンズ艦長の「総員戦闘配置につけ！」の号令とともに、ドイツと戦闘状態に入ったことを艦内放送で知らされた。英国沿岸を行くカレージアスの乗員はどことなくもの悲しげな「空襲警報」のサイレンの音を聴きながら、緊張してUボートが現われる兆候はないか、潜望鏡は見えないかと海面を必死に見張っていた。

やがて艦は命令によりプリマス港にあるダヴェンポート造船所のドックに入って艦体の検

査が行なわれ、この夜は艦に夜勤当直を残して上陸を許された将兵たちが三々五々町へと繰り出してゆき、海軍パブは乗員たちで溢れんばかりになっていた。だが、英空軍の偵察機がドイツ海軍の慌しい動きを知らせてきたため、海軍省の命令により急遽カレージアスが出港することになり、町には水兵服に白腕章をつけた「NP」が現われて、乗員に至急艦に戻るようにと触れて回った。NPは海軍憲兵（ネービー・ポリス）のことなのだが、いつも水兵たちの憩いの場に現われては無粋なことをするので、NPをもじってナスティ・ピィープル（意地悪な奴）と呼ばれていた。

英海軍省はUボートによるアセニア撃沈の報に影響され、急遽、空母カレージアスを「英海峡艦隊」の戦艦ラミレスと合流させ、三隻の駆逐艦とともにUボートの捜索を行なった。このとき、カレージアスに戦闘機は搭載されず、複葉のソードフィッシュ雷撃機（注1―9）二四機を格納していた。これはアイルランド南方海域がドイツ空軍機の行動範囲外であったことと、駆逐艦搭載のアスディック探知機（注1―10）で発見したUボートを攻撃するには雷撃機の方が役立つと考えられたからである。

商船に搭載された対空兵器ホールマン・プロジェクター（左上2本の筒）だが、珍兵器の部類で、効果はあまりなかった。

カレージアスの乗員は補充兵のほか、今日では信じ難いが、一部には一次大戦で活躍した五〇歳代の下士官もいたのである。本来ならば若い水兵を教育するために彼らは活用されるべきであったろうが、すぐに船舶航路を哨戒するために出航せねばならない空母要員として配置されたのだった。カレージアスは英海軍省西方近接航路指揮官（英国海峡内の西回航路を指す）の指揮下におかれ、Uボートを駆逐して海峡付近の航路を守ることが主任務だった。空母の護衛には駆逐艦カーペンフェルト、アーデントおよびエコーの三隻がつき、アイリッシュ海（イギリスとアイルランド島との間の内海）に面したリヴァプールと、テームズ河口からブリストル水道（ロンドンの西一六〇キロメートル）を抜けて大西洋を経由して北アメリカへ向かう船団の安全を図った。

開戦とともに徴用された英国の定期航路船や商船は、海軍省の商船防衛組織（DEMSと略称）の管轄下に入り、船主と共同でドイツ空軍による空からの攻撃と海の狼Uボートに対抗するために急遽、武装が行なわれた。しかし、効果的な兵器は少なく、一次大戦型のルイス機関銃のほかホールマン・プロジェクター（注1―11）といった珍兵器も搭載されたが、あまり役立つものではなかった。兵員輸送船に転換された定期航路の豪華船や商船隊のタンカー、貨物船などへ配備された補充兵の射手たちは、当初、ドイツ空軍機の脅威が優先され対空兵器の操作訓練を受けたが、やがて、Uボートの方がはるかに脅威になることを身をもって知ることになるのである。

すでに英国付近に展開していたU29は、一九三九年九月八日の午後にアイルランド南西で、一万一七六トンの英船リージェント・タイガーを雷撃で撃沈したが、この一万トン級のタンカーはそれまでにUボートが沈めた中で最大の獲物だった。それから五日後にシュハルト艦長は次の獲物を襲うが、これは英国海峡沿いのファルマスで修理を終えて出港してきた、八〇〇トンの蒸気タグボートのネプチュニアだった。この時、浮上したU29は甲板砲（注1―12）をもってタグボートの船首方向に一弾を発射し、発光信号により「船を捨てよ」という命令を与えた。この信号に従って二一人の乗員は小さな救命艇に乗って本船を退去すると、すぐに、一発の魚雷がU29から発射された。しかし、この魚雷は設定深度の調整が深すぎたために船底を通過してしまったので、U29は八八ミリ甲板砲を二～三〇発発射して沈没させた。

1940年、ギリシャ船アダマトスを沈めるU29。U43から撮影。

ネプチュニアのある商船士官はこのときの状況をのちにこう語っている。

『九月八日水曜日の午後四時だった。我々は全速航行中に突然、船尾方向から飛来した砲弾が一発船首前方に落下して水柱を上げるのを見た。後方を振り返るとUボートが一隻我々を追ってどんどんと間隔を詰めてきて、艦橋からはピカピカと信号灯がひらめき「船を捨てよ！」と命じてきた。我々には命令に従う以外にとるべき方法がなく、搭載されていた救命艇と後方に引く小さなゴムボートに分乗して船を退去すると、Uボートは三〇発ほどの砲弾を浴びせてネプチュニアを沈没させた。一時間ほどすると海上を漂う我々の救命艇にUボートが近づいてきて、艦長らしき人物が「食料と水はあるか？」と訊ねたので「ある」と答えた。続けて「タバコとマッチはあるか？」と聞いてきたので、「あいにくと、ない」と応答すると、Uボートの艦長はタバコとマッチそして二本のブランディを投げて寄こしたが一本は残念にも海中に落ちてしまった。

四〇歳くらいに見えた艦長は「済まぬ、だが、これは戦争なのだ、来週は私の番かも知れない」と英語で言った。Uボートの艦橋にいるドイツ兵を見ると彼らは制服を着用せずに実に種々雑多な服装が見られ、あるものはツィードの帽子とジャケットを身につけていた。艦長は再び我々に向かって「救命艇を牽引できずに残念に思う、付近には二隻の英駆逐艦がいるし米船とも遭遇するであろう」と言い、さらに遭難信号弾を慌てて発射したとき腕に負傷した無線通信士に包帯を与えてくれた。こうして、フットボール試合の後のようにUボートと救命艇の乗員は別れて行ったが、我々の船長はこの状況下でこれ以上のことは望めないし、Uボートの艦長は私たち乗員を正しく扱かったと思うと述べた』

また、もう一人の乗員は「われわれは船を失ったが、もし、またそのUボートの艦長に会ったなら、すぐに、一杯おごるよ！　と声をかけるだろう」と述べているが、戦争とはいえまだ余裕のあった様子が伺える。そののち救命艇に乗った乗員たちは、三〇時間にわたり二〇〇キロを漂流して沿岸航路船のブリンクバーンに救助され、英国海峡沿いのファルマスに送り届けられた。救助された乗員たちは海軍の情報官に、どんな特徴を有するUボートだったのかを聞かれたが、あらゆるマークの類は消されていて特徴を示すものは何もなかったと答えた。

それから二日後にシュハルト艦長は大型船を発見した。二番目の獲物は八四三一トンの英タンカーのブリティッシュ・インフルエンスだったが、これは魚雷と砲撃で撃沈した。

ブリティッシュ・インフルエンスの乗員の一人がこう証言している。

『この日の午後、私はタンカーの船上で見張りについていたときに浮上中のUボートを発見した。そのUボートは我々に発光信号で船を捨てて救命艇を降ろすように命じた。ついで我々が移乗した救命艇の傍に寄ってきて「充分な食料とタバコ、そして衣類はあるか？」と訊ねた。そして「ただちに我々は貴船を沈める！」と言って砲撃によって沈めた。Uボートは再び救命艇の傍に寄ってくると、救難船がこちらに向かっているので心配はないと言い、空中に三発の救難信号弾を発射して乗員にそのまま漂流するように指示すると現場海域を去っていった。だが、なんと驚いたことにそのUボートがノルウェー船のイダ・バッコーとともに戻ってきたのである。ブリティッシュ・インフルエンスの乗員はこれを見て英国式の歓声を挙げると、Uボートの乗員も同じ歓声で応えつつその海域を去っていった』

同じころ（一九三九年九月十日）、空母カレージアスのソードフィッシュ複葉機がUボートを発見して攻撃したが撃沈できず、しかも、攻撃から帰投するソードフィッシュ機が着艦に失敗し損傷してしまった。また、別のソードフィッシュ機は母艦の上空にたどりついたにもかかわらず雲が低くてパイロットが母艦を発見できず、おまけに燃料の欠乏により空母付近に墜落してしまった。これは、母艦と艦上機との無線通信手段はあったのだが、交信内容が付近のUボートに聴取されることを恐れるあまりの無線封止の結果であった。

プリマスに戻り燃料補給と修理をすませたカレージアスは、四八時間後に母港で多数の人々が見守る中を再び出航し、西回り航路により大西洋に出てアイルランド南西海域に至った。同僚艦の空母ハーミスも一足早く南方海域で活動していたが、合流した両艦の艦長は対Uボート戦闘について自由に行動すべしという海軍省命令を受け、アスディック探知機や艦載機によるUボート発見の情報があれば、撃沈するまで攻撃を行なうことになっていた。カレージアスの航行中は四隻の駆逐艦イングルフィールド、イントレピッド、アイヴァンホーそしてインパルシブが護衛に当たった。この日の午後八時三十五分、駆逐艦イングルフィールドとインパルシブがUボート捜索中、インパルシブのアスディックがUボートを探知し爆雷二発を投下したが攻撃は成功せず、カレージアスから発進した三機の哨戒機が航空母艦二隻の間の海上二四キロを警戒していた。

このとき、英独開戦から二週間が経過していた。

一九三九年九月十七日午後三時四十五分、哨戒部隊の西方二〇八キロの地点で、U53（注1—13）に砲撃された貨物船カリフスタンから、発信されたSOS通信を沿岸航路船が受信して哨戒部隊に知らせてきた。すぐにイングルフィールドとイントレピッドの二隻の駆逐艦が現場海域へ攻撃のために送られたが、すでにUボートは潜航して姿をくらましてしまった。

夕方四時四十五分に二三ノットで航行するカレージアスは三隻の駆逐艦が護衛し、哨戒飛行中の三機のソードフィッシュ雷撃機は母艦に呼び戻された。このころの母艦パイロットは訓練不足のために一旦母艦から発艦すると、広い洋上で空母を発見できないことがしばしばだった。このため母艦は艦載機に向けて方位電波を発信せねばならず、それは母艦の位置を暴露することになり非常に危険だった。こうした事情があり視界が良くてもベテラン・パイロットを除いてUボートの哨戒飛行が頻繁に実施されなかったという理由があったのである。

カレージアスは夕方六時に西方へ移動を早めるために、ジグザグ航行を止めて速度を二五ノットに上げた。しかし、この速度域では随伴する駆逐艦のアスディック探知機を効果的に用いることができなかった。そのうえ、哨戒飛行から帰投する三機の雷撃機との会同地点に早く到達するために、さらに速度が上げられて二六・五ノットになり駆逐艦のアスディックは全く用をなさなくなっていた。

午後七時に哨戒飛行隊が現われて、七時十五分に空母の速度が一八ノットに減速され、駆逐艦のアスディックが再び使用できるようになりUボートの捜索が行なわれた。上空のソードフィッシュ雷撃機は次々とカレージアスに着艦したが、飛行隊の最後尾のラム中尉機は燃料計がゼロを指し、墜落寸前の機を操縦してやり直しのきかない着艦アプローチを試みてなんとか着艦に成功した。こうして全ての機を収容するとカレージアスは再びUボートを警戒して、一八ノットの速度でジグザグ針路をとって航行を続けていった。まさにそのとき、七時五十八分に突然二発の魚雷がカレージアスの左舷側に命中して爆発し三発目の魚雷は逸れていった。

ⅦC型の前方発射管に電気魚雷(G7e)を装塡中。中央に射程をのばすために電池を30度に余熱する電気コードが見える。

U29はこれまで述べたように、すでに三隻の撃沈戦果を挙げたのちに、英国にとってもっとも重要な英国海峡の「西方近接航路」に向かっていた。この日の午後七時ころ潜望鏡で大型船の上空を飛行する艦載機を視認して、その船が航空母艦であることが分かり、ここに千載一遇の攻撃チャンスが到来した。U29の艦内に緊張が走り乗員の手で魚雷攻撃が準備されているころ、艦載機を収容するために空母が針路を変更し潜航中のU29と空母との距離が離れてしまった。そこで、シュハルト艦長は空母が視界外に去るのを待って浮上し最大戦速で追跡に入り、空母と一定距離をとりつつ敵艦の前方に出ることで魚雷攻撃を行なおうとした。

空母の針路前方で潜航に入っていたU29のシュハルト艦長が潜望鏡で周囲をぐるりと偵察すると水平線上に黒点を発見した。目をこらすと次第に大きくなった艦型はまぎれもなく航空母艦だった。この瞬間、シュハルト艦長は空母がU29と艦首方向で針路が交差するであろう位置へ艦を誘導し、空母が魚雷の射程範囲に接近するほんの僅かな幸運に賭けたのだった。

魚雷を装塡して発射準備が完了する。魚雷が発射されると海水が発射管に自動的に導入されて、艦の浮力が調整される。

午後七時五十分にシュハルトは三発の魚雷を距離約三〇〇〇メートルで発射したが、その雷跡は哨戒網を張る駆逐艦群に発見されずにカレージアスの左舷に二発が命中した。そして、U29はそのまま深度潜航に入っていった。魚雷の爆発直後に駆逐艦アイヴァンホーはUボートに突進すると、深度を三二メートルにセットした爆雷を投下して攻撃を三回かけたが撃沈することはできなかった。他方、雷撃されたカレージアスでは二つの激しい爆発が続けて起こり、舷窓と防水区画扉が閉められた艦内は、爆発で全ての灯火が消えて真っ暗となり、加えて艦は左舷へ大きく傾斜していった。

　最初の魚雷は左舷側下士官区画に、そして二発目はBボイラー室の後端に命中して電気系統がやられ、機関室も暗黒状態と化して緊急警笛信号だけがずっと鳴り続けていた。爆発の直後に操舵手は操艦不能と報告したため、艦長のW・T・マケイグ・ジョーンズ大佐は通信室に艦の状況と位置を司令部に打電するように命じた。二発目の魚雷の命中後カレージアスは数分間航走していたが艦はさらに左舷に大きく傾いたので、機関科士官が右舷エンジンを停止させ機関科乗員の退避を命じた。しかし、そのときまでに機関の蒸気圧力は急速に落ちて左舷側で致命的な蒸気漏れが発生していた。このため機関科士官は緊急隔壁弁閉鎖レバーを操作し隔壁を閉じて機関室から出ようとした。このとき、ボイラー室から這い上がってきたある機関員の燃える作業服の炎が暗闇の中で浮き上がり鮮烈な印象を残した。艦内放送装置は作動せず、灯火もなかったために幾つか残った扉は閉じられず、その結果、浸水が早まり急速に艦は傾斜していった。

カレージアスの艦長は爆発の直後に、魚雷命中の反対側、すなわち右舷バルジ（魚雷防御用の張り出し部分）に水を導入して傾斜を止めようとする命令を与えたが、海水を流入させる「Z海水弁」装置が爆発の衝撃による歪みで作動させることができなかった。カッター（救命艇）は損傷したものと使用可能なものが混在し、左舷への傾斜が三五度から四〇度になったため、右舷船尾側にあった四番モーターボートと三隻のゴムボート、そして救命艇を海上に浮かべることができた。そのほか、空母の船内昇降口の格子蓋や木造部分が外されて、すでに海中に漂う多くの将兵たちに投げられているうちに、飛行甲板下の航空機格納庫で少数の士官が乗員に退艦を呼びかけていたが、爆発による火災で火炎幕ができてしまい脱出を難しくした。大混乱の飛行甲板の周囲では右舷側の二〇ミリ機関砲に弾薬が装塡されて射撃準備がなされたが、射手は艦の傾斜のためにうまく射撃位置につくことができなかった。

一方、船尾方向の後甲板にいた数人の士官は混乱の中で、西方の茜空の光がレンズに反射した潜望鏡を見たといい、さらに数人の士官は最初の爆雷攻撃でUボートの艦尾が海中に出たのを見たという者もいたが、ジョーンズ艦長は魚雷命中一〇分後に、多数の隔壁が壊滅し

U29に雷撃されて沈没する英航空母艦カレージアスで、艦長のジョーンズ大佐以下、518名という多くの犠牲者をだした。

た状態を正確に把握していたので冷静に「総員退艦」を命じた。そして、カレージアスは魚雷命中から僅か一五分後の午後八時十五分に沈没したのである。この間、駆逐艦アイヴァンホーはUボートの捜索と攻撃に全力を傾け、駆逐艦インパルシブはカレージアス乗員の生存者救出を命ぜられた。そして、Uボートに雷撃される脅威があったものの商船数隻も救助作業に加わった。

午後十一時三十五分、駆逐艦イングルフィールドが現場海域に到着し、救出活動を行なう三隻の船を見た。これは英船ディドとオランダ船のヴィーンダムおよび米国のコーリンウォースで、英船を除いていずれも船内灯を点灯させていた。駆逐艦群のケーリー、カラドック、セレス、アイヴァンホーの各艦も灯火を消して海上の生存者を捜索し、インパルシブはすでに一部の救助者を乗せてプリマス港に入港していた。

駆逐艦ケーリーとカラドックはオランダ船ヴィーンダムから救助者を移乗させ、英船ディドは三〇〇名を救助して駆逐艦イングルウッドに救助者用の衣服、食料、毛布がないと灯火信号で伝えた。そこで、付近にいた駆逐艦アイヴァンホーとイントレピッドが英船ディィドから救助者を移乗させたが、あまりに乗員数が多いのでイングルフィールドへも負傷者の担架六基、士官二三名、下士官兵一九五名を移した。しかし多くの者は半分裸体になっていたが士気は非常に高かったと記録されている。

英船ディィドは救助現場に六時間停泊して救助者を全て駆逐艦に移乗させると、残った駆逐艦に護衛されてリヴァプール（英国北部ロンドン北西三二〇キロ）に入港した。翌朝、再び沈没現場は生存者を求めて徹底的に捜索されたが、ゴムボート、航空用救命具、そして多くの残骸と遺体が発見されたが生存者はなく、午前十時に駆逐艦イングルフィールドとアイヴァンホーは速度二八ノットでプリマス港に帰るべく針路をとった。

カレージアスの乗員は公式には一二一六名で、当日は搭載機数が少なかったので実際の乗員はやや少なかったと思われる。このカレージアス沈没ではジョーンズ艦長以下五一八名という多大な犠牲をだしたが、もし、航空ガソリンや燃料タンクに火が入って爆発していたら、さらに多くの死傷者が出たと推定される。

乗員の救助に当たったオランダ船ヴィーンダムの船長A・フィリッポは、一九三九年九月十七日の日曜日の項に長い航海日誌を記録した。

『午後八時ころ、東南東に針路を向けた航空母艦一隻と駆逐艦二隻が遠望され、ほぼ同時に航空母艦から濃密な黒煙があがり、続いて数回に渉る爆発音が起こって振動が本船まで到達した。やがて、護衛の駆逐艦付近でも大きな水柱が上がるのが見えた。八時十五分ころ、航空母艦の左舷の四ヵ所から強力な信号灯を用いたモールス信号により「沈没」の合図を認めた。私はとっさに本船内で緊急警告を発すると、搭載していた救命艇と下方にある三隻のモーターボートを海上に降ろして現場に急行したが、すぐに航空母艦は左舷に大きく傾いて船尾から沈んで行った。

我々の救命艇は広く海上に漂う燃料油の層に突入すると、そこにはあらゆるものが浮かんでいて、多数の救命ボートもあったが生存乗員を見つけることはできなかった。夜になると周囲に多数の小さな灯火がちらちらと動き、駆逐艦や他の船舶から派遣されたモーターボートが乗員の救出に当たっているのが見えた。本船のモーターボートの一隻が一人の乗員を救助して船医がすぐに手当てをしたが残念にも死亡した。

午前零時三十分、引き続き燃料が漂う海域で捜索を続けるうちに、駆逐艦から派遣された救命艇の士官が乗り込んできて生存者があるかどうか訊ねたので、死亡した乗員の話と遺品の時計について報告したところ、のちに駆逐艦が本船の近くに来て艦長から感謝の意が伝えられた。午前一時三十分に全ての救命ボートを船上に引き揚げると元の航路に戻った。翌朝、死亡した乗員の遺体を棺に入れるときに靴下に縫いこまれた犠牲者の名が発見された』

その翌日「英国の最新・最速の航空母艦カレージアスが、ドイツのUボートによって沈められた」と英海軍が正式に発表した。そして、「カレージアスの生存者は駆逐艦および商船によって救助され、Uボートは駆逐艦の攻撃によって破壊されたと思われる」とし、戦死したと考えられる乗員の親族には、管轄海軍の部署から必要な連絡を行なうであろうとBBC

放送が伝えた。

英国にとって気の滅入るようなこのニュースは、カレージアスの補給港であるプリマスのダヴェンポートで大きな衝撃となって伝わり、多くの人々が事態を知ろうと集まり、港では灰色の救急車が次々と負傷者を海軍病院に搬送した。青ざめた多くの女性たちが海軍からの通知状を手にして病院内を歩いていた。ある若い女性は数週間前に乗員の一人と結婚したと述べて病院に入ったが、出るときは血の気が引いて激しく泣いた跡を顔に残して今にも気を失いそうであった。病院のゲートでは乗員の親類や友人たちが集まって、海軍省からのニュースを待ち「何人生存者がいるのか！」「何人死亡したのか！」「どこで惨事が起こったのか！」と情報を互いに求め合っていた。

やがて、歩ける負傷者は病院から退院していったが、そんな中のある乗員は五十歳代の機関科のチーフで、一九一七年以降、英海軍で二一年間も勤務ののちに引退していたが、補充兵として徴用されたものだった。彼は一九一七年に巡洋艦ノッチンガムの乗員だったが北海でドイツ艦の魚雷によって撃沈され、六時間以上も洋上を漂って救出された経歴の持ち主である。その機関科チーフが地元の新聞「ウェスタン・モーニング・ニューズ」紙に載せた記事にはこう述べられている。

「カレージアスが突然爆発して、急速に沈没した様子は今でも信ずることができない光景だった。そのとき、私は食堂で休息していたが、巨大な爆発と黒煙が艦内に流入してきたので、上甲板に脱出しようとハッチの出口付近に辿り着いた。そのとき、別の爆発が起こって吹き飛ばされ、気がつくと上甲板の上に大の字になっていた。カレージアスはすぐに左舷に大きく傾斜しはじめて艦長から総員退去の命令が出された。

私は舷側から海面に下がっている長さ一二メートルほどのロープに気がつき、これを伝って海に滑り降りて沈む艦の大渦に巻き込まれぬように、必死に艦から離れて泳いで行ったが、そこで見た光景は終生忘れることのできないものだった。

自艦が沈没し、わずかな浮遊物にすがる漂流乗員だが、北方大西洋の冷たい海においては生存の機会は多くはなかった。

艦の先端に集まった一群の乗員が、英駆逐艦がUボートへ爆雷攻撃をかける光景を見て大きな歓声を挙げていた。私の周囲の波は緩やかに大きくうねっていて、若い時には水泳には相当に自信があったが、今は衣服の重みが大きな負担になるということが分かり、靴や服を次々と脱ぎ捨てて裸になった。八〇〇メートルほど離れた位置に駆逐艦と二隻の定期航路船が見えたので、私は駆逐艦の方に向かって泳ぎ始めると、付近には乗員の乗ったゴムボートが多数あった。私は一時間半ほどの漂流で幸いに駆逐艦のボートに救助され、艦上では幾枚もの衣服と毛布に包まれて助かることができたが、脱出時に足の親指に酷い負傷を負ってしまった。駆逐艦上では水兵が海に繰り返し飛び込んで、救命ベルトを漂流する乗員に装着して次々と救助したが、この駆逐艦だけでも三六二名が救助され、しまいに艦上には収容スペースがなくなった。そして、酷い火傷を負った者など三名がその夜のうちに死亡した」

さらに、幾人かの生存者の証言からそのときの様子が詳しく浮かび上がってくる。

ある補充兵は艦が傾いたときに艦内に閉じ込められた乗員がまだ多数いたと証言し、海兵隊の一五歳のラッパ手はほとんど水泳ができないにもかかわらず、不思議なことに一時間ほど漂流すると駆逐艦に拾い上げられたという奇跡のような話もあった。また、別の補充兵の一人はボイラー室にいたが、彼は目も眩むような閃光のあと闇の中に閉じ込められたが、手探りでラッタルを登り幸運にも右舷側の飛行甲板に到達した。途中で艦長の総員退去の指示を聞いたが、高い艦上から海に飛び込むことは自殺行為であることを知り、舷側から長さ二一メートルほどのロープを下げるとそれを伝って海に脱出した。

ある士官は夕食時に艦ごと持ち上がるかのような巨大な爆発が起こり、瞬時にあらゆる艦内の灯火が消えて、艦が傾斜するとともに士官食堂の備品が左舷側にごろごろと転がるのを見た。その士官は水上機用の発艦デッキから飛行甲板に上がってみると、艦長の総員退去の命令により多数の乗員が集まり、次々と救命艇やゴムボートを用いて脱出していたが、士官も兵も持ち場においてなすべきことをなしパニックに陥ることはなかったと述べている。

最後は洞察力に優れたある英海軍少佐の話である。

「雷撃された日が良い天気だったのは幸いであり、風波は少なく暖やかな気温だった。急速に傾斜する空母から勇敢な一水兵が艦の側面で泳ぎながらの活動により、一隻のモーターボートが海に降ろされて多くの乗員が助かった」

　この少佐の個人的見解では、艦載機を収容しようとした空母は風の向きが変わったために針路を変更し、そのときU29がカレージアスを発見したのは偶然であり、カレージアスが沈没したのは運に左右されたものだとしている。

　この説はある意味で正鵠を得ている。

　先にも述べたが、カレージアスはバルト海作戦用に建造された艦で喫水が浅く、本来U29の魚雷の設定深度ならば艦底を通過してしまったかも知れないのである。だが、このとき空母には燃料が満載されたほか、航空燃料および他の戦闘装備を搭載し、しかも出港一日目であったために喫水がかなり深くなっていたという事実があったからである。

　U29の雷撃時にカレージアスの哨戒員も駆逐艦の見張員も、穏やかな海であったにもかかわらず雷跡を発見していないが、これはU29の発射した魚雷の深度設定が深かったことを示している。すなわち、あと一・八メートル空母の喫水が浅かったならば魚雷は艦底を通過してしまい、空母には命中しなかったであろうとする、海軍委員会が一週間後に出した見解にその事実を見ることができるのである。

　さらに、U29は雷撃後すぐに深々度潜航に移って九二メートルまで潜航したが、駆逐艦の爆雷の信管は深度三二メートルで爆発するようにあらかじめ設定してあったため、Uボートは脱出することができたのである。また、海軍の委員会の意見書では、雷撃時、空母の右舷バルジに浸水させて傾斜を回復する試みの失敗と、多くの通風口と防水扉が開いたままで海水の流入率を増したこと、および主電源回路の分散配置の不備による艦内の暗黒化や乗員の練度不足をあげたほか、Uボートの捜索に大型の空母を用いた運用ミスも指摘された。

奇しくも両次大戦が開始された時の海軍大臣であったウインストン・チャーチル（一九四〇年に首相）は、一九三九年九月二十日に英下院で報告を行ない、航空母艦カレージアスは士官、下士官兵一二〇二人の乗員のうち生存者は六八七人であると述べ、他方、カレージアスと全乗員の勇敢なる行動があってこそ商船隊航路の安全を確保することができたのだと称え、また遺族に対しては深甚な哀悼の意を表した。

駆逐艦アイヴァンホーが午後八時、八時十七分、八時十八分に三回の爆雷攻撃を実施したが、信管の爆発設定深度が浅くてU29にダメージを与えることができなかった。カレージアスを雷撃して最初の哨戒作戦を成功させたU29は燃料残量が少なくなってドイツの基地に戻らねばならず、北方航路を経由してヴィルヘルムスハーフェンに帰投したのは一九三九年九月二十六日であり、殊勲艦は桟橋で海軍軍楽隊の奏でる音楽とともに盛大に迎えられた。

この英航空母艦撃沈の報はドイツ中を熱狂させ、ヒトラーもナチ党の側近を引き連れてヴィルヘルムスハーフェン軍港を訪ね、デーニッツ少将とともにUボート埠頭でU29の乗員を得意げに激励した。その後、海軍の将校集会所でヒトラーと海軍総司令官エーリッヒ・レーダー元帥（注1—14）、Uボート艦隊司令官カール・デーニッツ少将を前にして、U29のオットー・シュハルト艦長が副長を伴ってカレージアス攻撃についての説明を行なったのである。ヒトラーの総統本営・海軍副官だったフォン・プットカマー大佐は、ベルリンに戻ると

「総統はUボート艦隊司令部の優れた指導性と、Uボート乗員の比類ない敢闘精神に対して大きな感銘を受けた」とコメントを発表した。多くの祝賀行事が行なわれたのち乗員には休暇が与えられ、U29の二回目の出撃は同年十一月中旬と予定された。一方、十月十四日にU47とギュンター・プリーン大尉（注1―15）が英本国艦隊の泊地スカパ・フローを大胆にも奇襲して、戦艦ロイヤル・オーク（注1―16）を撃沈して再びUボートの威力を世界に見せつけたのだった。

ヴィルヘルムスハーフェンへ凱旋した殊勲艦のU29と乗員を閲兵するヒトラー。桟橋では軍楽隊の演奏で盛大に迎えた。

　一九三九年十一月十四日から十二月十六日までの約一ヵ月間、U29は大西洋に二度目の出撃を行なったが、このときは見るべき戦果もなく帰投した。U29はドイツ本国で戦争最初のクリスマスと新年を過ごしたのち、翌一九四〇年二月十一日に機雷敷設を任務として与えられ、英国のブリストル海峡（英国南西部ロンドン西方一六〇キロ）に八個の機雷を設置して、三月三日に七一〇トンの英船カトーがこの機雷に触れて沈没した。機雷敷設を終えたU29は哨戒任務に切り替えて、三月四日に三〇七二トンの英船サーストンをトレボース岬（英国のブリストル海とケルト海に面する岬）西方五二キロの地点で撃沈した。

さらに同日正午に英国海峡へ移動すると、同海域の西方近接航路で六七一七トンの英船パシフィック・レリアンスを雷撃した。英船は船体が二つに割れるほどの被害を受けたが、当初、乗員は機雷に触れたものだと思っていた。この船の乗員五三名は沿岸航路のマキュールが救助してコーンウォール（英国南西部）へと運んだ。

続いて英国のタンカーで一万二八四二トンのサン・フロレンティノからの「SOS」がリヴァプールの船団指揮所で受信され、発信場所は英国海峡ランズエンド岬北方三〇キロと特定された。この雷撃を行なったのはU29で魚雷を発射すると深度をとって避退中に海中で爆発音二回を聴取し魚雷の命中を確信した。一方、ドイツ海軍情報部Bーディーンスト（注1ー17）はサン・フロレンティノが発したSOS信号を傍受したため、U29が同船を確実に撃沈したと認定したのである。

だが、これには後日談がある。実はこのタンカーは魚雷の雷跡を見ていなかったために誰もUボートに攻撃されている事実を知らなかった。その上、なんらかの理由で偶然に無線手がUボートに攻撃されていると勘違いして「SOS」を発信したのである。他方、U29の魚雷はタンカーを狙ったにもかかわらず命中せず、海中で聴いた爆発音は魚雷の最終航走段階において自動装置により自爆したものであり、「撃沈」という判定はいくつかの偶然が重なった結果だったのである。

一方、この二発の魚雷発射によりU29は魚雷を全て使い切って本国への帰途につくと、三月十二日にヴィルヘルムスハーフェンに帰投した。しかし、母港はその前日に英機の爆撃を受け、突堤で僚艦U31（注1ー18）が沈没する損害を蒙っていた。係留されたU29の乗員には短い休暇が与えられたがすでに次の任務が予定されていた。それは、デンマーク・ノルウェー侵攻作戦（ヴェーザー・ユーブング＝ライン演習作戦）への支援であり、デーニッツ指揮下のUボート艦隊司令部（BdU）も熱心に準備を進めていた。これは、ドイツ海軍が北欧の基地を手に入れることができれば、ドイツ本国と哨戒海域との往復時間が短くなり一層長期間の作戦が可能になるという理由からであった。

左からシュハルト、第2Uボート戦隊長のハルトマン少佐、ヒトラー、カイテル元帥、デーニッツ少将、レーダー元帥。

一九四〇年四月九日に始まった作戦には、多くの海軍水上艦艇が参加して陸上部隊を輸送したが、U29はもっぱら脇役として物資の輸送を行なった。一方でデーニッツはノルウェー沿岸と北海沿岸に多数のUボートを送った。ナルビクに五隻、トロンヘイムに二隻、ベルゲンに五隻とスタバンゲルに二隻を配置し、フィヨルドの入り口においてドイツの上陸部隊を援護したほか、一三隻のUボートを三個戦闘団に分けてスコットランド北部のシェトランド諸島とオークニー諸島付近に配置した。そして、もう四隻は二個戦闘団に分けてノルウェー南方に待機させ、全部で九個戦闘団と独立した四隻が行動し、このうちの一隻が輸送任務についたU29だったのである。

U29は四月二十三日にトロンヘイムに到着して四日間停泊したのちに燃料補給を受けてドイツへ帰投した。

ノルウェーとデンマークはドイツに征服され、一九四〇年五月に欧州低地諸国（オランダ、ベルギー、ルクセンブルグ）とフランスがドイツ軍の電撃戦によって崩壊し、五月二十六日に英仏連合軍はフランスのダンケルク海岸から英本土へ向けて三〇万人が必死の撤退を行なった。その翌日、U29はそれまでもっとも遠隔海域へと出撃し、六月二十日、二十一日にかけて中立国スペインのイベリア半島ビゴ港で燃料を補給した。スペインの港を離れたU29は西方の大西洋に向かい、六月二十六日に五二五四トンのギリシャ船ダーニトリスを最初の獲物として魚雷と砲撃で攻撃し、オルテガル岬北西（スペイン北部ビスケー湾南西）で沈没させた。さらに一週間後に発見した四九一九トンのパナマ船サンタマルガリータは魚雷を節約して砲撃のみで沈めた。そして、晴れて視界が良いこの日の夜中に八九九九トンの英タンカー・アセルラードを発見すると水上航走で追跡したのちに撃沈した。

七月二日にはギュンター・プリーン大尉のU47がブルースター汽船のアランドラスターを撃沈した。この一万五五〇〇トンの商船はアイルランドの西方を通過してカナダに針路を向け、船内に乗員五〇〇名のほか一五〇〇名のドイツ人とイタリア人抑留者が乗船していたことをプリーン艦長は知らなかった。雷撃の時、二〇〇〇人中半分の一〇〇〇名が救助されてスコットランドに戻ったが、一四三名のドイツ人と四七〇名のイタリア人が冷たい海で犠牲となった。

U29のシュハルトとU47のプリーンの両艦長は戦果を上げてヴィルヘルムスハーフェンに

帰投して、U29の方は一九四〇年七月十一日に埠頭に入った。しかし、この有名なドイツの軍港はその二日前に英空軍の爆撃機六四機によって激しい爆撃を受けていた。シュハルトは港の惨状を見て次第に激しくなる戦争を実感ぜざるを得なかった。事実、七月二十日〜二十一日の夜に、同じ軍港に停泊中のポケット戦艦アドミラル・シェーア（注1—19）が英空軍の爆撃を受けたのである。

大戦初期には大西洋はUボートの独壇場だった。雷撃されて沈没する船と、右方には救助にかけつけた護衛艦が見える。

同年八月中旬にヒトラーは英国諸島周辺の完全な封鎖を実施し、大規模な補給船団攻撃を開始すると宣言した。

しばらく港に停泊したU29は、九月二日に六回目の哨戒作戦に出航するが、これが事実上最後の出撃となった。出港三日目に海軍基地のあるノルウェーのベルゲン港に入り、六日間を準備に費やしたのち大西洋の哨戒区に向かい、九月二十五日にアイルランド西方で英国から出た船団の攻撃を行なった。このとき、同じ哨区に配置されたヴィルヘルム・アンブロシアス艦長のU43（注1—20）が、午後一時三十分に船団に対する襲撃を成功させ、三〇分後の午後二時にU29も六二二三トンの英汽船ユーリーメド

U29の２代目艦長ゲオルグ・ラッセン中尉――のちにＵボート戦で第７位のエースとなった。

ンをアイルランド西方において魚雷で撃沈した。そして、Ｕ29は一週間後にビスケー湾をドイツ艦艇の護衛を受けながら航行してフランスのロリアンに帰投した。

カール・デーニッツはフランスが一九四〇年六月に占領されると、十月にはＵボート艦隊の指揮機能をロリアンに移して、それまでどの海軍も達成したことがない規模の通商破壊戦を実行しようとしていた。

一九四〇年十月二十七日～二十八日の夜、ロリアンの基地に空襲警報が鳴り響いて、英空軍機がＵ29の付近に機雷をばら撒き航行が危険となり、十月三十一日にＵ29は天然の良港であるブレストへと移動した。そして、十一月一日～二日の夜に英空軍の爆撃機が機雷設置にしばしば飛来する間隙を縫って十一月二日の朝、大西洋へと出撃していった。だが、この最後の哨戒作戦では戦果がなく十一月三十日に北欧のベルゲンを経由して、十二月三日にヴィルヘルムスハーフェンに帰投した。その後Ｕ29は一時期を除いて一九四四年まで、おおむね訓練艦になっていたが、二次大戦終了時にフレンズブルグ（ドイツ北部デンマークとの国境、ハンブルグの北一三〇キロ）で自沈した。

この間Ｕ29の艦長はオットー・シュハルト以外にゲオルグ・ラッセン中尉、ハインリッヒ・ハッセンハー中尉、カール・ハインツ・マルバッハ中尉、ルドルフ・ツォルン中尉、エデュアルト・オースト中尉、ウルリッヒ・フィリップ・グラフ・フォン・ウント・ツー・アルコ・ツィノイベルグ中尉が務めた。

　ことにシュハルトの後を継いで一九四一年一月から九月まで艦長だったゲオルグ・ラッセン中尉は、のちにU160（注1―21）を指揮して二五隻一五万六〇二一トンを撃沈するエースとなり、騎士十字章と柏葉騎士十字章（注1―22）を受章した人物である。なお、U29の撃沈トン数は九回の哨戒作戦を消化して一二隻八万四五八八トンであった。

　一方、一九四〇年末にオットー・シュハルト大尉は二ヵ月ほど艦にとどまっていたが、一九四一年一月にバルト海沿岸のピラウにある第1Uボート訓練師団指揮下の、第21Uボート訓練戦隊の訓練将校となり、補給艦プレトリアの船上に置かれた本部から指揮をとった。最終階級は少佐でフレンズブルグにあるミュルヴィック海軍兵学校第1大隊長であった。なお、本章の主人公オットー・シュハルトがU29で撃沈した艦船は一一隻七万八八〇〇トンであり、一九四〇年五月十六日に騎士十字章を授与されている。

1―1　**カール・デーニッツ大佐**●（一八九一～一九八〇）一九三九年から四三年までUボート艦隊司令官（BdU）として、「狼群攻撃戦術」により英国の海上交通遮断を狙ったUボート戦を指揮して英国を追い詰め、チャーチル首相をして本当の脅威はUボートだと言わしめた。一九四三年一月からレーダー元帥のあとを継いでドイツ海軍総司令官となった。一九三九年十月海軍少将、四二年三月海軍大将、四三年一月海軍元帥に昇進している。

1―2 **航洋型Uボート**●Uボートの実戦艦として航洋型Ⅰ型（ⅠA型二隻）、小型沿岸型Ⅱ型（ⅡA、ⅡB、ⅡC、ⅡDの各型五〇隻）、航洋型Ⅶ型（ⅦA、ⅦB、ⅦC、ⅦC42、ⅦD、ⅦFの各型計七〇九隻）、長距離航洋型Ⅸ型（ⅨA、ⅨB、ⅨC、ⅨC40、ⅨD1、ⅨD2、ⅨD42の各型一九六隻）、機雷敷設型Ⅹ型（ⅩB型八隻）、燃料補給型ⅩⅣ型（乳牛と呼ばれた一〇隻）、ディーゼル・電動タイプ航洋型ⅩⅩⅢ型（一七〇隻）、ディーゼル・電動タイプ沿岸型ⅩⅩⅠ型（一一隻）が生産された。なお、就役したUボート数は一一五〇隻だが七八一隻を失い、二二五隻は自沈し一五四隻が降伏した。Uボートの沈めた船舶は二六〇三隻一三五七万トンにおよび、連合軍艦船の撃沈数は一七五隻だった。

1―3 **フリッツ・ユリウス・レンプ大尉**●U30とU110の艦長を歴任して一七隻六万八〇七トンを撃沈し一九四〇年八月に騎士十字章を受章した著名なUボート戦のエース。一九四一年五月九日にU110の艦長としてOB318船団を攻撃中に、英駆逐艦ブルドッグとブロードウェーの攻撃を受けて、艦を自沈させるべく指揮中に英軍のUボート捕獲隊員の銃火により死亡した。

1―4 **U30（ⅦA型）**●一九三六年十月八日に就役後六回の哨戒作戦で、一五隻八万一〇九七トンを撃沈したほか二隻損傷。この間、九人の艦長が指揮して大戦を生き延びるが一九四五年五月五日にフレンズブルグで自沈した。

1―5 **U12（ⅡB型で小型なためにカヌーと呼ばれた）**●一九三五年九月三十日就役。艦長はディートリッヒ・フォン・デル・ロップ大尉。一九三九年十月八日、ドーバー海峡で触雷し沈没。

U13（IIB型）●一九三五年十一月三十日就役。艦長はカール・ダウブレブスキー大尉ほか四名で七隻二万五九八二トンを撃沈し二隻損傷。一九四〇年五月三十一日、ニューカッスル北西で爆雷により沈没。

U15（IIB型）●一九三六年三月七日就役。艦長はハインツ・ブホルツ大尉ほか一名。三隻四六三二トンを撃沈した。一九四〇年一月、北海でドイツ魚雷艇と衝突沈没。

U16（IIB型）●一九三六年五月十六日就役。艦長はハンネス・ヴァインゲルトナー大尉で二隻三四三五トンを撃沈。一九三五年十月二十五日、英仏海峡で触雷沈没。

U17（IIB型）●一九三五年十一月十五日就役。艦長はハインツ・フォン・レイチェ大尉ほか九名で二隻一六一五トンを撃沈。一九四五年五月二日にフレンズブルグで自沈。

U20（IIB型）●一九三六年二月一日就役。艦長はカール・ハインツ・モール大尉ほか九名で一七隻三万七八〇八トンを撃沈。一九四四年九月十日に黒海で自沈。

U21（IIB型）●一九三六年三月四日就役。艦長はフリッツ・フラウエンハイム大尉ほか八名。六隻一万一二六九トンを沈め一隻損傷。一九四四年八月五日解役。

U23（IIB型）●一九三六年九月二十四日就役。艦長はオットー・クレッチマー大尉ほか七名で一〇隻二万九二二二トンを沈め二隻損傷。ほかに駆逐艦と掃海艇を沈めた。一九四四年九月十日に黒海で自沈。

U24（IIB型）●一九三六年十月十日就役。艦長はウド・ベーレンズ大尉ほか九名で五隻一万七〇九三トンを沈め二隻損傷。一九四四年八月二十五日、コンスタンツァで自沈。

U56（IIC型）●一九三八年十一月二十六日就役。艦長はヴィルヘルム・ツァーン大尉ほか八名で一五隻七万二七四七トンを撃沈し一隻損傷。一九四五年五月三日、キールで自沈。

U58（IIC型）●一九三九年二月四日就役。艦長はヘルベルト・クピッシュ大尉ほか八名で七隻二万四五四九トンを撃沈し一隻損傷。一九四五年五月三日、キールで自沈。

U59（IIC型）●一九三九年三月四日就役。艦長はハラルト・ヨスト大尉で一六隻三万三二四二トンを沈め一隻損傷。一九四五年五月三日、キールで自沈。

1―6 BdU●（Befelshaber der Uboote＝Uボート艦隊司令官）。

1―7 ジョン・A・フィッシャー卿●一次大戦時の英海軍軍令部総長。カイザー皇帝のドイツ海軍についての脅威を予言し、対抗策として巡洋戦艦とドレッドノート型「ド級戦艦」を導入した。

1―8 アイランド型●航空母艦の煙突と一体化された指揮艦橋を飛行甲板上の左右どちらかに配置したもの。

1―9 ソードフィッシュ雷撃機●フェアリー・ソードフィッシュは複葉の旧式機で二四〇〇機生産され、大戦前半空母に搭載され魚雷を抱いて大西洋でUボートの哨戒やドイツ艦攻撃に活躍した。

1―10 アスディック●ASDIC装置（Anti Submarine Detection Investigation Commitee＝潜水艦探知委員会の頭文字で潜水艦探知機のこと）は艦船に搭載され、高周波音を発信して潜水艦から反射するエコーの時間差を計測することでUボートを探知したが、深度の探知は一九四四年から可能となった。もう一種の探知装置は一九四三年に米国で開発されたソーナー（音波探知機）で、水中の目標に超音波を発し反射エコーにより方位と距離を測定した。

1―11 **ホールマン・プロジェクター**●大戦初期、英国の商船隊（船団）の各船に搭載された秘密対空兵器の一種。迫撃砲状の発射筒先端に手榴弾を装塡して圧搾空気で上空に発射し、低空攻撃をかけるドイツ爆撃機を撃墜しようとした。各型併せて一二〇〇門が生産されたが有効な兵器とはならなかった。

1―12 **甲板砲**●元来は防御用だった潜水艦搭載半自動砲で、Ⅶ型は八・八センチ砲、Ⅸ型は一〇・五センチ砲が甲板上に搭載され、浮上して商船を砲撃する際に使用した。しかし、戦況の変化により次第に無用の長物となり、一九四三年四月以降、主力艦Ⅶ型には搭載されなくなったが遠距離艦のⅨ型では残された。

1―13 **U53（ⅦB型）**●一九三九年六月二十四日就役。艦長はディートリッヒ・クノール中尉ほか三名で七隻二万七三一六トンを撃沈し一隻損傷。一九四〇年二月二十三日フェロー諸島南方で英駆逐艦グルカの爆雷で沈没した。

1―14 **エーリッヒ・レーダー元帥**●一九三五年から一九四三年一月三十日までドイツ海軍総司令官として無制限潜水艦戦を提唱した。のちに海軍の戦闘艦艇の存続を巡ってヒトラーと対立して辞任。カール・デーニッツ元帥が後任になった。

1―15 **ギュンター・プリーン大尉**●U47の艦長で一九三九年十月十四日、英艦隊泊地スカパフローに潜入して戦艦ロイヤル・オークを轟沈させたほか、三一隻一九万二一〇一トンを撃沈して騎士十字章、柏葉騎士十字章を受章。一九四一年年三月八日にアイスランド沖で英駆逐艦ウォルバリンに撃沈されたとされる。

1―16 **戦艦ロイヤル・オーク**●一次大戦時の一九一四年十一月完成のロイヤル・ソヴェリン級

五戦艦の一艦で基準排水量三万三二四〇トン。一九二二年～二四年と一九三四～三六年に大改装された。一九三九年十月にスカパフロー停泊地でU47に撃沈された。

1―17 **B―ディーンスト**●ドイツ海軍総司令部、海軍情報局無線通信部に所属してハインツ・ボーナッツ海軍大佐が指揮した暗号解読情報部で、大戦中期まで英国の船団暗号をかなり解読してUボート狼群攻撃の重要な情報源となった。

1―18 **U31（ⅦA型）**●一九三六年十二月二十八日就役。艦長はヨハネス・ハベコスト大尉で一〇隻二万五四四五トンを撃沈し二隻損傷、一九四〇年十一月二日にアイルランド北西にて爆雷で沈没。

1―19 **アドミラル・シェーア**●ドイッチュラント・クラス・ポケット戦艦（装甲艦と呼ばれ実質は重巡）三隻の一艦で基準排水量一万二一〇〇トン。一九三四年就役、一九四五年五月、キールにて空襲で沈没。

1―20 **U43（ⅨA型）**●有名なヴィルヘルム・アンブロシアス大尉、ヴォルフガング・リュート大尉、ハンスヨアヒム・シュヴァントケ中尉に指揮されて二三隻一二万九八八一トンを撃沈し一隻損傷。一九四三年七月三十日、アゾレス南西で空母サンティの艦載機による誘導魚雷で沈没。

1―21 **U１６０（ⅨC型）**●一九四一年十月十六日就役。艦長はゲオルグ・ラッセン大尉、ゲルト・フォン・ポンマァ・エシェ中尉で二六隻一五万六〇八二トンを撃沈し五隻損傷。一九四三年七月十四日、アゾレス南方でアヴェンジャー機の誘導魚雷で沈没。

1―22 **騎士十字章、柏葉騎士十字章**●十字章はプロイセン皇帝ヴィルヘルム三世が制定した。しかし、一九三九年以降ヒトラーとナチ第三帝国により種類が増やされ、黒・白・赤のリボンで勲章を首から吊るした。二級、一級十字章、騎士十字章（受章七五〇〇人）、柏葉騎士十字章（受章八六〇人）、剣付騎士十字章（受章一五四人）、ダイヤモンド剣付柏葉騎士十字章（二七人）、宝剣付金色柏葉騎士十字章（一人）があった。

第2章　U32と豪華客船エンプレス・オブ・ブリテン

二次大戦で英国に真の脅威を与えたのはUボートであったことは論を待たないが、Uボートの主力艦というのは七〇九隻建造されたⅦ型である。Ⅶ型はA、B、C、C41、D、Fの各型があり、本編に出てくるU32は「ⅦA」で一〇隻建造された最初の型である。このⅦA型は最初四隻建造され、続いて六隻が一九三六年前半に、ブレーメン（ドイツ北部ハンブルグの南西一一六キロ）のAGヴェーザー造船所で建造されていたが、そのうちの一隻がU32である。ⅦA型は公式には英独海軍条約（注2―1）に従って五〇〇トン級潜水艦と称されていたが、水上排水量六二七トン／水中で七四五トンと公称よりも実際は大きかった。

U32の建造開始は一九三六年四月一日、進水は翌年二月に行なわれ、就役は一九三七年四月十五日で標準的な生産期間である一年間で完成した。初代艦長はヴェルナー・ロット大尉であるが、バルト海で戦術訓練を行なったのちヴィルヘルムスハーフェンのザルッツヴェーデル戦隊（各戦隊には一次大戦時のUボート・エースの名が付されていたが、この戦隊はのちに第2Uボート戦隊となる）に配属となった。翌一九三八年にスペインで政府軍とフランコ将軍

ⅦA型のU32で1937年4月15日に就役し、22隻12万8767トンを撃沈した。1940年10月30日に爆雷によって沈没したが、幸いにも33名が救助された。

の革命軍が衝突する「スペイン内乱」が起こり、ドイツは「コンドル義勇軍（注2―2）」を編成してフランコ将軍側を支援した。しかし、よく活動した空軍と異なり海軍はスペイン内乱において直接作戦に関与する度合いは低かった。本章の主役U32は同年二月五日から五月八日までの間と十月に三週間に渉ってスペイン海域で哨戒任務についた。このときU32（ⅦA）は味方識別のためにUボートの艦橋下に赤、白、黒の三色ストライプ模様の塗装が施されたほか、艦橋の側面にU32と白い艦名も描かれていた。このU32はスペイン海域で派手な戦闘には参加しなかったものの、同じ海域において政府軍を支援する英国の潜水艦と小競り合いが起こり、実戦における戦術面で貴重な経験を積むことができた。そして、U32はスペインでの哨戒活動を終えると八ヵ月の間、猛烈な訓練で技量に磨きをかけたのち、二次大戦直前の一九三九年七月から八月までノイシュタット（ハンブルグ付近）のUボート訓練基地へ一時的に配属されていた。すでにUボート艦隊司令官（BdU）カール・デーニッツの命令で英独開戦の少し前の八月十九日に、第2Uボート戦隊のU28（注2―3）、U29（一章参照）、U33およびU34が一足先に大西洋に展開していたが、U32は少し遅れてバルト海に出撃することになった。

このとき、U32の艦長だったロット大尉はU35（注2－4）の艦長に転出してゆき、代わってパウル・ブッヘル大尉が艦長に着任したが、先任士官・副長はのちに本編の主人公となるハンス・イェニシュ中尉であった。イェニシュはのちにブッヘル大尉の後を継いでU32の艦長となる人物だが、一九一三年十月十九日に東プロシャで生まれ、一九三三年に海軍士官学校を卒業して同三六年、ポケット戦艦ドイッチュラント（注2－5）に勤務したのち、駆逐艦乗務をへて同年四月に第2Uボート戦隊へ中尉として赴任してからU32に乗り組んだのである。

U32の3代目艦長、ハンス・イェニシュ中尉――18隻11万5020トンを撃沈した。

U32の一回目の哨戒作戦は一九三九年八月三十日で、バルト海におけるポーランド海軍の三隻の駆逐艦を攻撃することが任務であったが、ポーランド駆逐艦が港に避退してしまった結果、攻撃の機会がなく九月一日にキール港に戻った。U32の本格的な大西洋における哨戒作戦への参加は英独開戦後の一九三九年九月五日である。キールを出航したU32は機雷敷設を任務として英国海峡を通

沈没する商船と救命艇。上空にはサンダーランドが見える。

過し、九月十七日に海上に浮かぶスカーレウェザー灯台船付近に機雷一二基を設置した。翌日の午後に四八六三トンの英貨物船ケンジントン・コートを発見したが、同船はアルゼンチンからバーケンヘッド（英国のリヴァプール）へ小麦粉を輸送する途上でまだ船上に武装は装備していなかった。

ブッヘル艦長はUボートを浮上させたままバーケンヘッドに接近すると八八ミリ甲板砲をもって無警告で砲撃を行なった。このときケンジントン・コートのJ・スコーフィールド船長は砲撃を受けると、すぐに「SOS」を打電しつつ、後方約一六〇〇メートル付近から砲撃してくるUボートに対して船尾を向けるように操船した。しかし、Uボートの砲手は着弾位置を次第に狭めてきてついに五発が船尾の間近に着弾した。そこで、やむなく船長は船を停船させると、船内警笛をビュッー、ビュッー、ビュッーと鋭く三回鳴らして船を捨てるように合図し、乗員たちは左舷側の救命艇を降ろして移乗した。すぐに、右舷側で大きな爆発が発生したが、それが魚雷か砲弾によるものかは分からなかった。

やがて、ケンジントン・コートの乗員は陸地に向かって救命艇のオールを漕ぎ始めた。そのうちに四発機のサンダーランド飛行艇（注2－6）が飛来してきたので、乗員はUボート攻撃時に発信した「SOS」信号を受信したためだと考えたが、実は哨戒飛行中に偶然救命艇を発見したにすぎなかった。

サンダーランド飛行艇。Uボートの哨戒、攻撃、救助に活躍。

なにはともあれ、サンダーランド飛行艇は翼端を上下に振って発見信号を救命艇に送ったのちやや離れた位置に着水し、やがて二機目のサンダーランド機も接近してきた。

この時の状況を船長はこう述べている。

「私は飛行艇の艇長に救命艇には全部で三四名いると話すと、艇長は本機に二〇名を収容することができるが、残りは二機目が救出するのでしばらく待てといった。しかし、待つほどもなく、二機が着水し三機目も飛来してきた。波立つ海上で彼らがどのようにして我々を救出するのか皆目見当がつかなかったが、着水して海上を旋回した飛行艇の側面ドアが開けられて、乗員が折り畳式のゴムボートを操って我々の方に寄ってきた。そこで、我々はそのボートに乗り換えて順次機内に収容されたが、機内ではお茶とタバコが与えられて元気を取り戻すことができた」

他方、浮上していたU32は飛行艇の飛来を察知すると、素早く潜航して危険な海域から逃れたのち北方で哨戒任務を続行し、アイルランドとスコットランドの西を通過しつつ最初の戦果を戦隊本部に無線で報告した。その数日後にデーニッツ少将は「全てのUボートは商船の無線を通じて停船を命ぜよ」とする臨検指令を洋上に展開中のUボートに発して無警告撃沈を禁じた。U32は一九三九年九月二十八日までに、スコットランドとノルウェーの間のフェロー諸島とシェトランド諸島を結ぶ線を越えてノルウェー南岸に至った。この日の午後に八二五トンの小型ノルウェー船イェルンをスクーデネス北西一〇四キロで発見した。ノルウェーはまだ中立国ではあったが政治的に連合軍寄りの姿勢であったので、捕獲を恐れた船長はUボートを発見するや自沈してしまった。さらにU32はスカゲラック海峡（ノルウェーとデンマークの間の海峡）を経て、二日後の九月三十日にヴィルヘルムスハーフェンに帰投し、ブッヘル艦長は二級鉄十字章を授与された。

U32は魚雷発射管に故障を生じていたので、その修理と艦内機器の再装備のために一ヵ月が必要となりキール港に送られた。他方、先の哨戒作戦でU32がスカーレウェザー灯台船付近に設置した機雷が英国の船舶に損害を与えていた。まず、十月五日に八〇〇〇トンの英汽船マルヴァーリが機雷に触れて大きく損傷し、さらに同日夕方には、九四八二トンの英船ロッホ・ゴイルが触雷したがこれは幸いにも沈没を免れた。

一九三九年十月末にU32の三回目の出撃が計画されたが、出航前にディーゼル機関が不調になり調査の結果シリンダー一二個の交換が必要になった。そこで、エンジン整備期間を利用してハンス・イェニシュ副長がヴァルネミュンデにある艦長コースで学ぶために艦を出ていった。やがて再装備が完了したU32はキール運河を経てバルト海へと運ばれて、洋上や水中における各種試験が行なわれたが、この年の十二月末まで出撃する機会は訪れなかった。

一九三九年十二月十八日に二四機のウェリントン爆撃機（注2―7）が英本土を離陸して、ヴィルヘルムスハーフェン軍港を昼間爆撃したが、英空軍は対空砲による爆撃機の被害を少なくするために高度四〇〇〇メートル以上で飛来して、晴れ上がった天候のもとで爆撃を行なった。しかしながら、ドイツ空軍のレーダー警戒網によって探知され、帰路、クックスハーフェン（ハンブルグ付近の北海沿岸）付近でメッサーシュミットBf109戦闘機とBf110双発戦闘機（注2―8）の待ち伏せを受け、一〇機が撃墜されたほか損害を受けた二機は北海で不時着水し、三機も英本土内で不時着するという初期英爆撃兵団のドイツ空襲における最大損害になり、ドイツ空軍の損失は失った戦闘機二機のみだった。

ハンス・イェニシュ中尉は艦長コースを終了すると再びU32に戻った。一九三九年十二月二十八日に三回目の哨戒作戦が命ぜられて、U32はヴィルヘルムスハーフェンを出航していった。再び機雷と魚雷を搭載し数名の新顔乗員が混じって北へと進み、暗いスカゲラック海峡を通過する。明けて一九四〇年の一月元日にノルウェーとスコットランドの間で、ノルウェーの小型汽船ルナを発見して魚雷で撃沈した。

ついで、U32はシェトランド諸島北方に針路をとり、機雷敷設予定海域に到達するが、付近は英海軍艦艇が厳重に警戒していたため、離れた海域を五時間ほど浮上航走したのち、第二の敷設目標であるスコットランド南部のクライド湾入り口に機雷を設置した。この間にU32は英哨戒機に発見されて攻撃を受けるが、艦橋の哨戒員が早期に機影を発見してすばやく

ハンス・イェニシュ艦長――世界で2番目に大きな商船エンプレス・オブ・ブリテンを撃沈。

潜航して逃げることができた。哨戒は続けられ、U32が沿岸に近づくと英国のBBCラジオ放送を聴取することで、前艦長のロット大尉が指揮するU35がシェトランド諸島沖で、一九三九年十一月に駆逐艦三隻の爆雷攻撃によって沈没し艦長が捕虜になったことを知った。このあとU32は一九四〇年一月二十一日にヴィルヘルムスハーフェンに帰還した。

U32のパウル・ブッヘル大尉は前回の出撃で機雷を設置した場所が悪かったという理由で艦長を解任され、副長のハンス・イェニシュ中尉が二月に指揮を引き継いだ。艦の修理と乗員の休養、そして出撃準備で五週間を港で過ごした後の一九四〇年二月二十六日に、U32の四回目の出撃が行なわれた。再び機雷と魚雷を積み込んでスカゲラック海峡からフェア島（シェトランド諸島とニューヘブリディーズ諸島の間）を抜けて、三月二日に最初の獲物となる四〇〇〇トンのノルウェー船ベルパメラを発見した。イェニシュ艦長はこの船に向けて魚雷三発を発射したが船腹の手前で早期爆発をしてしまい、ベルパメラにいくらかの損傷を与えたのみだった。これはUボート艦長の間で問題になっていた磁気ピストル（注2−9）の欠陥をイェニシュもまた味わうことになったのである。それから七時間後にU32はノルウェー船を発見したが、これは二八一八トンのラガホルムで今度は水上砲撃によってこれを沈めた。若いイェニシュは大胆にも狭いノース海峡

（英国と北アイルランドの間）をすり抜けてアイリッシュ海に入り、英国の懐深く潜入するとリヴァプール湾へ八基の機雷を敷設したが、そこで五〇〇〇トンの英船カウンセラーがその機雷によって沈没した。英国付近で活動するU32は数回哨戒機の攻撃を受けるがうまく逃げおおせることができたが、これは、まだ英海軍と沿岸航空隊が威力ある対潜兵器を保有せず、効果的な対Uボート戦術を確立していなかったからである。こうしてU32は三回目の哨戒作戦を終えて三月二十三日にヴィルヘルムスハーフェンへ無事に帰ってきた。

1940年春に行なわれた「ヴェーザー・ユーブング」作戦中のナルビクにおけるドイツ艦隊。手前に巡洋戦艦シャルンホルストと左にヒッパーが見える。Uボート艦隊も作戦を支援した。

　一九四〇年三月にドイツ国防軍は北欧侵攻「ヴェーザー・ユーブング＝ユーノー」作戦を実施し、海軍は二五〇トンの沿岸型カヌー（注2―10）を含めて訓練艦まで動員したが、U29（第一章）、U43、U101（注2―11）、UA（注2―12）および、イェニシュのU32の六隻には地味な輸送任務が与えられた。こうして、U32の五回目の出撃は四月二十七日にヴィルヘルムスハーフェンを出航して、ノルウェーのトロンヘイム（ノルウェー中部オスロの北五五〇キロ）に向かった。艦内には機雷と

初期Uボート戦で活躍したU30のフリッツ・ユリウス・レンプ大尉で、17隻6万8607トンを撃沈し、騎士十字章を受章した。

魚雷のほかに貨物と弾薬を搭載してノルウェー沖に展開する英海軍艦艇を避けて、スカンジナヴィア半島の沿岸に沿って航行しながらクリスチャンサン（ノルウェーの北海側）をへてトロンヘイムへ針路をとり、途中、五月二日に英駆逐艦の爆雷攻撃を受けるが無事に脱出することができた。トロンヘイム到着は五月五日であり同じ任務についたUAも港で貨物を降ろしていた。軍需物資を降ろしたU32は三日後にドイツに戻るが、途中で英駆逐艦に三回も追いまわされて五月十三日にヴィルヘルムスハーフェンに到着した。しかし、このとき、ディーゼル機関（注2―13）のシリンダーの一つが酷く損傷して修理を必要としていたが、ドイツの造船所はどこも満杯で、キール運河に沿ったドックまで送られ三日間をかけて機関を修理した。

折から、ドイツ地上軍によるフランス電撃戦がたけなわであり、フランスのダンケルク海岸から英仏軍は撤退しドイツは得意の絶頂期にあった。

一九四〇年六月三日、U32はヴィルヘルムスハーフェンを出て六回目の任務につくが、今度は機雷を搭載せず五本の魚雷は発射管内に先に装填され、別に六本の予備魚雷を搭載していた。U32はシェトランド諸島の北を通過するとアイルランドの西岸から英国海峡西方近接航路に向かい、ここで六月十八日に三隻の小型船を撃沈する。最初は一五二二トンのノルウェー船アルターを魚雷で仕留め、残り二隻はスペインの縦帆の漁船でこれは甲板砲の砲撃で沈めた。

二四時間後にファスト・ネット（アイルランド沖大西洋上の島）南西で、五三三四トンのユーゴスラビヤ船ラブドを魚雷で撃沈した。その二日後に北アメリカから英本国に向かうHX49船団（注2—14）に遭遇する機会が巡ってきたとき、イェニシュ艦長は付近の海域にギュンター・プリーン大尉のU47とフリッツ・レンプ大尉のU30が存在していることを知らなかった。六月二十日の夜中零時三十六分にU32は船団への攻撃を開始し、九〇二六トンのノルウェー・タンカー、エリー・クヌーセンを雷撃により撃沈した。U32はこの攻撃を最後として四週間の哨戒作戦を終えて七月一日にヴィルヘルムスハーフェンにもどった。U32は再びディーゼル機関が不調となりドックで大掛かりな修理を行なうことになり、この間乗員たちはドイツで思いがけない休暇を過ごすことになった。そして、U32の七回目の出撃は一九四〇年八月十五日であり、再び一一本の魚雷を搭載してシェトランド諸島から大西洋へと出ていったが、艦内の乗員たちは今度は懐かしいヴィルヘルムスハーフェンではなく、フランスの基地に帰投するのだと噂していた。これは地上軍のフランス占領後に大西洋岸で幾つかの基地が使用可能となり、デーニッツ

U47艦長のギュンター・プリーン大尉（のち少佐）で、31隻19万2102トンを撃沈して、騎士十字章と柏葉騎士十字章を受章した。

ダカール機動部隊所属のイギリス巡洋艦フィージー（1万450トン）で、1940年9月1日にU32に雷撃されて損傷をうけた。

少将がただちにUボート司令部をロリアンに進出させてUボート戦の指揮を開始していたからである。

対フランス戦が終わった直後の一九四〇年七月七日に初めてフランスの基地を使用したのはフリッツ・レンプ艦長のU30であるが、ほかに大西洋沿岸の幾つかの基地を用いれば、いちいちUボートがドイツ本国に帰らずに済み、哨戒任務では二週間も余分に作戦ができることになった。フランスのUボート基地はブレスト（フランス西部ブリュタニュー半島突端）、ロリアン（ブリュタニュー半島南岸の入り江）、サン・ナゼール（フランス西部ロァール河口）、ラパリス（フランス西部でラ・ロッシェルは外港）、およびボルドー（フランス南西部でジロンド川の三角江）があった。一方、ロリアン付近のメリニャックとバンヌにはドイツ空軍が飛行基地を設けて、大西洋におけるドイツ海軍の作戦に数少ない協力をしていた。

U32は作戦海域のヘブリディーズ諸島沖に到着した八月二十九日には全く獲物がなかったが、翌八月三十日に英国に帰るHX66A船団をルイス島（ヘブリディーズ諸島）北方で捕捉した。午前二時二十分と二時三十四分に、四三一八トンの英船ミルヒルと四八〇四トンのチエルシーおよび三九七一トンのノルウェー船ノルネを次々と撃沈した。

　それから二日後の九月一日に、ロックオール北方（アイルランド北方大西洋上）で、英海軍のダカール機動部隊所属の巡洋艦フィージー（一万四五〇トン）を魚雷で攻撃して損傷を与えた。この艦はジョン・ブラウン・クライドサイド造船所で大戦開始のわずか三ヵ月前に完成した新鋭巡洋艦であったが、アフリカのダカールへ向かう兵員輸送船を護衛中に雷撃を受けたものだった。これがこの哨戒作戦におけるU32の最後の戦果となった。

ロリアン港から出航するクレッチマー艦長の指揮したU99。

　U32は航行中にヘブリディーズ諸島西方二四〇キロで海上に浮かぶ救命艇を発見した。これはプリーン大尉のU47が雷撃したベルギー船の乗員たちであり、U32は接近すると水を与えたほか付近の陸地の位置を知らせた。そして、九月八日にはビスケー湾を横断して勝手の分からないフランスのロリアン港へ初めて入り、乗員たちは最大の憩いである入浴で「Uボート臭」を洗い流すことができたのだった。

　開戦から一年が過ぎると、U32だけでなく全てのUボートの艦長たちは絶え間ない緊張によって、神経が鋭敏になるという症状を呈していた。他方、新たなUボートが次々

Uボートの撃沈王オットー・クレッチマー大尉（のち大佐）。56隻31万3611トンを撃沈して騎士十字章、柏葉騎士十字章、剣付柏葉騎士十字章を授与された。

と就役するために、熟練した乗員を分割配分して同時にあらたな乗員の訓練を行なわねばならなかった。この目的のためにロリアンは位置的にも適当な港として、Uボート艦隊司令部が重要視していたのである。

U32は前の哨戒作戦の戦果により、先任士官・副長（1WO）、次席士官（2WO）、准士官がそれぞれ一級鉄十字章を、そして一〇名の乗員に二級鉄十字章が授与されたが、生憎と次の出撃が迫っていて彼らは故郷で勲章を披露することはできなかった。ロリアン基地での停泊は一〇日間で、次の八回目の哨戒作戦が一九四〇年九月十八日に開始され、U32は掃海艇を伴って機雷に注意しながらロリアン港を出て、港外にあるグロア島を見ながら大西洋に向かったが、今回の哨戒作戦が乗員にとってもっとも労苦が報われるものとなった。

U32は先のHX49船団の攻撃で狼群攻撃（注2―15）が効果ある攻撃方法であることを充分に学び、同じ海域でクレッチマーのU99（注2―16）、プリーンのU47そして、もっとも戦果を上げていたブロイヒュロートのU48および、シュプケのU100（注2―17）といったUボート戦のエースたちとともに、最初の大掛かりなHX72船団を狙う「Uボート狼群攻撃」に加わった。一九四〇年九月二十一日の夜までにマリン岬（北アイルランドの大西洋に面した岬）沖西方五一二キロでHX72船団の輸送船四隻が沈められ、他の三七隻は九列縦隊となって進み、フラワー・クラスの二隻のコルベット艦が船団の左右で護衛にあたり、旧式な駆逐艦シカリが沈没した船の乗員を救出していた。このときにU32が船団攻撃を始めたのである。

ハンス・イェニシュ艦長は月がなく暗い夜に攻撃を開始したが、まず、七八八六トンの英船カレージアンを狙って雷撃したが失敗する。魚雷攻撃を突然受けたカレージアンは「SOS」を打電しつつ、浮上してきたU32を発見すると船尾をUボートに向けてジグザグ航行をしながら搭載火砲で反撃した。そこで、U32は八八ミリ甲板砲と三七ミリ速射砲をもって二五発ばかり連続して砲撃すると、砲弾は英船の艦尾付近一八〇メートル前後に集中して着弾して海上に飛沫を上げた。このとき、U32の艦橋にいた哨戒員が、上空にサンダーランド飛行艇の接近を発見してただちに急速潜航に入った。船団を護衛していた駆逐艦は二四キロほどかなたにあって、カレージアンの発した「Uボートの攻撃を受けつつあり……」との無線信号を受けると、駆逐艦ローウェストフトとコルベット艦ハートシーズおよびスケートが駆けつけ、上空にはイェニシュが見たサンダーランド飛行艇が警戒していた。

すぐにアスディックによるUボート捜索が行われ、五〇分ほどのちに護衛艦ローウェストフトは距離一キロから一・五キロの間で数

U48のハインリッヒ・ブロイヒュロート大尉（のち少佐）で、28隻16万2171トンを撃沈し騎士十字章と柏葉騎士十字章を受章。

度Uボートの存在を確認した。そこで、もう一度入念に捜索すると距離一二〇〇メートル付近でコンタクトが得られ、どうやらUボートは深く潜航しているものと推定され、爆雷の信管が深度九四メートルに設定して投下された。続けて深度七五メートル、一〇五メートル、一五二メートルと異なる深度に設定した爆雷六発が投下されたが爆発の衝撃によってコンタクトが失われた。このとき、U32は深度六〇メートルに潜航したのち、早々に船団から離れてすでに西に針路を向けていたのだった。

この船団攻撃でU32が沈めた船がHX72船団の最終犠牲船となったが、狼群攻撃により合計一一隻が沈没し二隻が損傷した。Uボート戦初期には経験の浅い船団の護衛艦はクレッチマー、プリーン、シュプケといった練達のUボートの艦長たちに翻弄されて多くの船を失ったのである。このとき多数の船を失ったHX72船団の護衛艦が港に入り、その指揮官が「小官の意見では、船団は一隻以上のUボートによって攻撃されたものであります」と報告したが、発射された魚雷の数からして多数のUボートが活動していた事実すら冷静に判断できなかったのである。

それから三日後の九月二十五日にU32は船団から遅れた六六九四トンの英船マブリトンを攻撃した。そして翌朝、英国を出発した船団を発見した。しかし、この船団はすでにU29、U43が攻撃していたOB217船団でU32は暗夜の中で船団に追いつくと六八六三トンの英船コリエンテスを雷撃したが沈没せずに浮かんでいた。しかし、この船は九月二十八日にU37（注2—18）がとどめの一発を発射して沈めた。この日の昼間U32は六〇九四トンのノルウエー船タンクレッドを魚雷で沈め、午後には四八〇四トンの英船ダーコリアを沈めたのち浮上して生存者を探したが発見できなかった。

この航海でU32は搭載された一一発の魚雷のうちすでに五発を使用していた。九月二十八日の午後遅くに、リヴァプールから米国に向かう五七五九トンの英船エンパイア・オスロットを大西洋に面するアイルランド北西部に近い沿岸で沈めた。この攻撃は発射された魚雷が船体中央のボイラー室付近に命中し、船は浸水によって海面上わずかに一・八メートルほど上部船体を出して浮かんでいたが、乗員が救命艇に移乗したのを見届けると、U32はすぐに八八ミリ甲板砲八発を発射して沈めた。U32の艦内では急いで空の発射管に次発魚雷が装塡され次の攻撃に備えた。それから九時間後の早朝に次の獲物が発見された。これは五二六七トンの英船バッサで魚雷一発により沈没した。九月三十日の午前十一時三十分、三二七八トンのオランダ船ハンラートヴィクを雷撃するが魚雷が逸れたので、浮上して追跡に入り八時間後に甲板砲によって撃沈した。

U32は沈んでゆく船の名を読み取ろうと潜航して潜望鏡深度で接近していったが、水平線の彼方に沈んで行く太陽の輝くばかりの眩い光が潜望鏡に反射し、イェニシュは距離測定を間違えてオランダ船に艦の前部を衝突させてしまったが、幸いにも魚雷発射管に損傷はなかった。同じ海域において十月二日に九隻目の獲物となる四六〇六トンの英船カイソンを魚雷で撃沈し、哨戒八回目最後の戦果を飾ってUボート艦隊司令部を喜ばせた。

一九三九年十月一日、ドイツ放送がハンス・イェニシュ中尉は六隻の商船を沈めた結果、撃沈トン数は三万四七六〇トンになったと発表した。このロリアンからの最初の出撃は幸先良いスタートとなり、U32は二四日間の哨戒作戦を終えて一九四〇年十月六日に帰ってきた

U32に雷撃されたHX72船団の一隻だった7786トンの英船カレージアン。

が、埠頭では海軍のブラスバンドが賑やかに音楽を奏でて盛大に歓迎し、上陸した乗員のうち三名には二級鉄十字章が、そして、ハンス・イェニシュ中尉には危険な海域で機雷を設置した行動と通商破壊戦の実績が評価されて騎士十字章が授与されたのだった。

ロリアン基地にもどったU32は乗員の半数ずつが交代で休暇を与えられてドイツ本国に列車で向かった。デーニッツはUボート乗員の慰労には意を用い、別名、BdUツーク（Uボート艦隊列車）と呼ばれる特別編成の列車を組織化し、本国で休暇を過ごさせて乗員の士気を維持した。乗員がロリアンから乗った列車はナント、ルマン、パリを経てヴィルヘルムスハーフェンへと二日半の旅となり、数名の士官たちはバンヌ（ロリアンとサン・ナゼールの中間）の空軍基地の協力で輸送機に便乗することができ、ドイツ本国のケーテン（ドイツ中部マグデブルグ付近）や、保養地リューネブルグ（ドイツ北部ハンブルグ付近）へと向かった。残った保安要員は基地付近に設けられた休養所で格安のぶどう酒を楽しんでいた。

無論、艦長のハンス・イェニシュもゲルダウエン（旧東プロシャ）で大戦最後の休暇を過ごし、二七歳の誕生日もここで祝うことになった。

その後U32はしばらくロリアンに停泊していたが、この間に英空軍の空襲に四回遭遇し、独特の物憂げな空襲警報のサイレンの音とともに、港には爆弾がそして港外には機雷が投下され、そのたびに乗員はワインの地下貯蔵所に大急ぎで避難した。そんなとき、乗員の間で艦長が交代するのではないかという噂がたち、乗員の一部も新顔と交代した。そして休暇を終えたU32の乗員が全て揃うと、次の航海は本国に向かう航海だと知らされ、乗員たちはあまり使い道のなかった金で香水や衣類などフランス土産をしこたま買い込んだのである。

Uボート VII C 型の前方魚雷室へ搭載中の G7e 電気魚雷。

当時、ロリアンではUボートを空襲から守るブンカー（注2―19）がまだ完成せず、U32は埠頭に係留されていた。そして、一九四〇年十月二十四日に掃海艇の先導でスコルフ河口を下ってロリアン港を滑り出し、九回目の航海に出発していった。U32には一一発の魚雷が搭載されていたが、うち五発（前方発射管に四発、後部発射管に一発）は発射管に最初から装填され、四発はデッキ下のビルジにそして二発は前方区画の甲板上に格納されていた。この時期における搭載魚雷一一

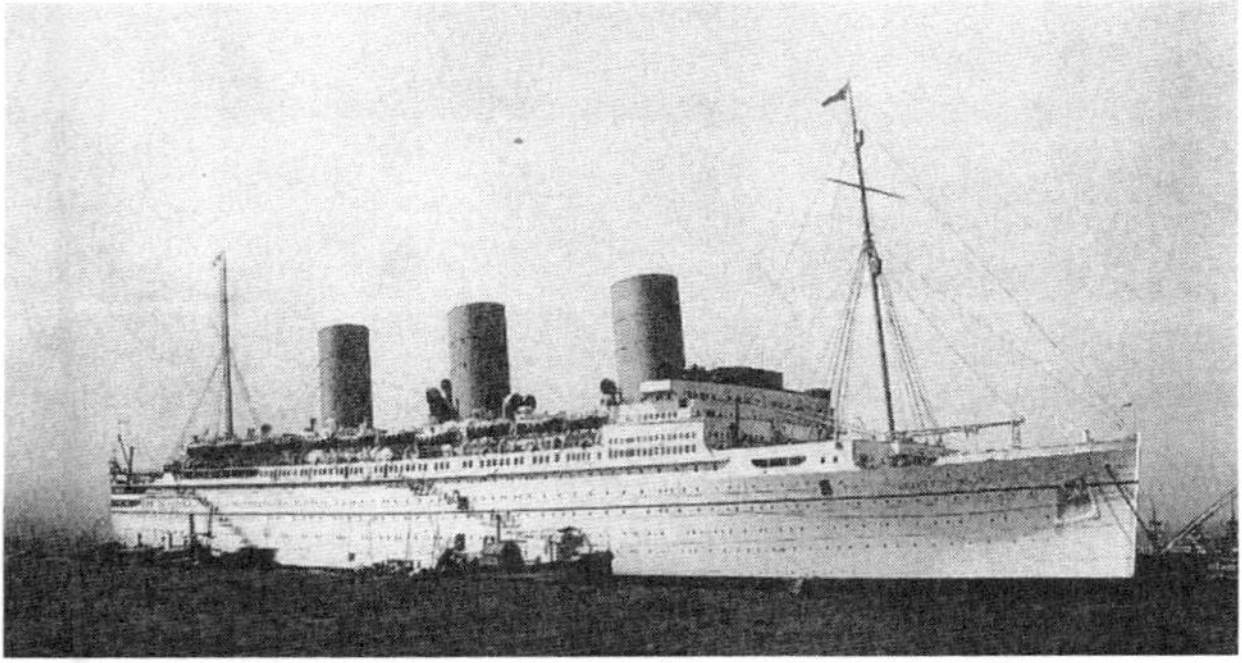

豪華船エンプレス・オブ・ブリテン（英国の女王）——排水量４万235トン。

発の組み合わせは、圧搾空気式（注２—20）が九発で二発が電気魚雷（注２—21）だった。

U32はビスケー湾に出て北西航路を進んだが、二日目、三日目ともに悪天候に遭遇し艦は激浪に手酷く翻弄されていた。このとき、もう一隻の巨大な船が悪天候の中を二二ノットの速度で航海していたが、これはかつての豪華客船エンプレス・オブ・ブリテン（英国の女王）だった。

排水量四万二二三五トンの堂々たる豪華客船エンプレス・オブ・ブリテンは、一九二七年に英国のクライドサイド（スコットランド南部で造船所が多数所在）にある、ジョン・ブラウンズ造船所でカナディアン・パシフィック汽船の大西洋定期航路船として建造された船である。係留中は三本煙突が目立つ堂々たる船姿が造船所付近の建物を圧し、船内の内装には当時の一流芸術家たちが腕を競ったという素晴らしい船であった。また、船内には特別な無線室があり、船室備え付けの専用電話から世界のどこへでも連絡できるサービス・システムが特色だった。

戦時徴発されて兵員輸送船となったエンプレス・オブ・ブリテンで、3本の煙突が特徴だったが、ドイツ軍の空と海からの攻撃によって沈没した。

この船は英国のサザンプトン（英国海峡に面した港）からカナダのケベック（セント・ローレンス河口でモントリオール付近）を結ぶ北大西洋航路に就航する船として、公式試運転では速力二五・五ノットという快速を記録した。やがて、エンプレス・オブ・ブリテンは世界一周豪華船となり、パナマ運河やスエズ運河を通過する最も大きな客船として、二次大戦前にすでに世界一周クルーズを八回ほど行なっていた。また、英国から大西洋を航海してカリブ海およびバーミュダ海域へのクルーズなどでも知られたが、のちに定期航路船となって一九三九年初期には、英国のジョージ六世やエリザベス女王を乗せて米国への航海も行なわれ文字どおり「海の女王」であった。

一九三九年九月一日、ヒトラーのポーランド侵攻に端を発した欧州戦争が勃発し、翌九月二日にエンプレス・オブ・ブリテンはサザンプトンから米国に向けて出港したが、欧州での戦争を避けて英国を脱出する米国人が乗船したほか、多数の外国人避難客

第40爆撃航空団第1飛行隊のベルンハルト・ヨーペ中尉(左)で、エンプレス・オブ・ブリテンを爆撃して、損傷させた。

も殺到したため、船内に臨時ベッドを準備して一三〇〇人以上の乗客を無事に運ぶことができた。このあとエンプレス・オブ・ブリテンは英政府に徴用されると、船体は軍艦特有のグレーの戦時色に塗られて兵員輸送船となった。そして、同年十二月十日にカナダのハリファクスを出航する、大きな大西洋船団とともに英国のクライドにもどったのである。その後、一九四〇年の前半に五回ほど大西洋横断航海を行ない、八月八日には中東のスエズ方面にも航海し、その帰路に南アフリカのケープ・タウンへ入り、さらに、英政府の命令で十月十二日にケープ・タウンのケーブル湾を出発すると英国のリヴァプールに向かった。このときの乗客数は二二三名の植民地政府の要員とその家族で、ほかに四一九名の乗員と政府物資七〇〇トンが搭載されていた。エンプレス・オブ・ブリテンには武装が施され、威力ある一五・二センチ砲のほか七・六センチ対空砲と四梃の機関銃が射手とともに装備されていた。南アからの航海の最初の二週間は天候に恵まれて、順調にアイルランド西方に至ったが十月二十五日〜二十六日には酷い悪天候に遭遇した。

(上)メリニャック基地から出撃する第40爆撃航空団第1飛行隊のFw200コンドル長距離哨戒機。(下)哨戒飛行中の第1飛行隊のFw200コンドルで、アイルランド北西でエンプレス・オブ・ブリテンを低空で攻撃した。

一方、フランスのボルドー付近にあるメリニャックのドイツ空軍基地には第40爆撃航空団第1飛行隊の四発機が常駐して大西洋への日々の哨戒飛行が行なわれていた。この日、ドイツ空軍の気象班は悪天候を予測して、アイルランド北西を偵察飛行する予定であったベルンハルト・ヨーペ中尉に哨戒海域が荒れ模様だという天気予報を伝えたが、ヨーペ中尉は哨戒飛行を実施することにした。乗機は四発機の「フォッケウルフFw200C型コンドル」で大戦前のルフトハンザ・ドイツ航空の旅客機を改造した長距離哨戒機である。一九四〇年十月二十六日の午前三時にヨーペ中尉の操縦するコンドル機は四発のエンジン音を響かせてメリニャック基地を離陸していった。

果てしない大海を飛行すること五時間の後、ヨーペは雲の切れ間から右方に巨大な船を発見して乗員に攻撃準備を命令した。高度を下げて巨船の周囲を大きく旋回しながら高度一五二メートル付近で、船尾方向から接近して航過ざまに二発の爆弾を投下すると一発は至近弾となり、もう一発は前方三番煙突の下部に命中して爆発した。

他方、エンプレス・オブ・ブリテンの船上では、船体中央部上甲板に命中した爆弾で発生した黒煙が船を覆い視界を奪って対空射手を悩ませたが、ルイス機関銃（注2―22）の銃手は勇敢に低空を飛び去るコンドル機に対して執拗な射撃を行なった。だが、エンプレス・オブ・ブリテンは船の豪華内装をそのままにしてあったので、船内に火がつくとたちまちにして燃え広がり船全体に煙が充満し始めた。コンドル機は再び来襲して爆弾を投下すると一発が操舵室を破壊してしまい、操船が不能となりブリッジに配置された対空砲も使えなくなった。

パイロットのヨーペ中尉が上空から観察すると、黒い煙が船首から船尾までを覆い、甲板の開いているハッチから炎が上がるのが認められ、早晩この船は沈むであろうと確信して機首を返すとフランスの基地に向かった。

のちに、このときの状況をエンプレス・オブ・ブリテンのC・H・サプスウォーク船長が次のように状況を書き残している。

『午前八時十五分に私は操舵室にいて、乗員の一人が右舷方向に航空機が見えると報告してきた。やがて、船尾の後方一・六キロあたりから本船を中心にして旋回を始めた四発機が見え、一瞬味方機ではないかと思ったが実はそうではなく、ドイツ機が攻撃体勢に入るところであった。敵機は旋回を終えて再び船尾方向から高度一五〇～二〇〇メートルという低空で飛来するとすぐに二発の爆弾を投下し、一発が前方三番煙突基部に命中して炸裂しもう一発は右舷側で至近弾となった。同時に本船は危機を知らせる赤と白のコンビネーションによるベリー信号（注2—23）を上空に発射した。

七・六センチ対空砲には海軍の射手が配置について、爆弾が投下される前から射撃を開始しドスン、ドスンと発射の衝撃が船上に響き、敵機が接近してくるとルイス機関銃の銃手も射撃を始めた。巨大な敵機は船尾から船首方向へと轟音を立てて飛び抜けると、船首方向でぐるりと大きく反転旋回してから、もう一度船尾方向から攻撃態勢に入った。私は船の速度を最高速の二四ノットに上げるとともに、船尾の砲で反撃できるように操船したが、敵機は一回目と同じ攻撃方法によって二発の爆弾をほぼ同じ位置に投下した。

それまでに、エンプレス・オブ・ブリテンは最初の爆弾によって燃え上がり、船全体が濃密な黒煙に覆われていた。七・六センチ対空砲は砲弾の信管があらかじめ高度九一四メートルにセットされていたため、高度一五二メートルから二一三メートルの低空で襲ってきた敵機に対しては威力を発揮できず、ルイス機関銃がドイツ機に反撃して機体にチカチカと命中する閃光が見られた。だが、口径が小さい機銃ではコンドル機に大きな損害を与えることはできなかった。

コンドル機の三度目の攻撃は船首方向から接近してきて、機関砲でブリッジと船尾の射手を掃射しながら爆弾二発を投下した。このうち一発は上部デッキに命中し、もう一発は至近弾となった。コンドル機の機関砲掃射によってブリッジの前方側板に多数の貫通口が開き、最後に五回目の銃撃をしてから敵機は飛び去っていったが、攻撃からちょうど三〇分が経過

Fw200コンドル機の攻撃で炎上したエンプレス・オブ・ブリテンだが、このあと、U32の魚雷攻撃を受けて沈没する。

していた。このときの風力は三、北東の風で雲底は低かったが視界は良好だった。

航空攻撃によりエンプレス・オブ・ブリテンは濃い黒煙に包まれていたが、中央部に集まりつつある乗員と乗客を船首と船尾の救命艇の位置に誘導した。しかし、爆撃の二〇分後に幾隻かの救命艇は燃え上がり、私はすぐ全員に「退去せよ」と命じたのち、急いで燃え残った救命艇に乗って脱出するよう指示し、二四ノットで走る船のエンジンを停止させた。

すでに気のきいた士官たちが救命艇の燃えるのを防ぐために数隻を海上に降ろしていた。続いて船尾側からもほかの救命艇が降ろされた。この僅かな時間に三〇〇名の乗員と乗客の多くはすでに救命艇に乗っていたが、船内では前方と後方で二つの大きな火災が発生していて残った乗員は消防作業に全力をあげた。しかし、不幸にもエンジン・ルームからの送水システムが爆弾によって破壊されてしまい効果的な消火活動ができなかった。最初の航空攻撃から五〇分後の九時十分ころ、船はついにコントロール不能なほどに燃え上がり艦橋も火に包まれて船体中央部はどこも危険となり、私と二人の士官が真っ黒な煙の中で船から脱出し、一緒にいた二人の士官が降ろしたボートに乗り込むことができた。

船はまだ四ノットの速力で進んでいて、海上には大きなうねりがあったが波高は小さくなっていた。海上からエンプレス・オブ・ブリテンの方を見ると、船の前方サロン・デッキにはまだ三〇名余りの人が見え、救命艇が接近して二時間ほどかけて女性を含む二〇名を救出した。こうした救命活動ができたのは機転のきいた数名の士官と乗員が数隻の救命艇を燃える前に海上に降ろすことができたからである。さらに銃撃で穴の開いた救命艇一隻とエンジンが水浸しになった二隻のモーター・ボートも海上に浮かべられ、他のボートから機関員が移乗して応急修理し、誰も乗らずに浮いているボートを集めて牽引してくると乗員たちを分散して乗せた。午後二時に駆逐艦が黒煙をあげるエンプレス・オブ・ブリテンに接近して残った全ての乗員と乗客を救出し、十月二十七日の朝にスコットランド・グラスゴー付近のグローノクに運んだのである。

私の推定では爆発によって四五名が行方不明か死亡し、九名の遺体を発見したがうち五～六名は溺死したものと思われる。この破滅的な出来事にもかか

ドイツ空軍の脅威に備え、商船に機関銃などの対空武装が搭載され、海・陸軍から銃手や砲手が派遣されて乗り込んだ。

わらず乗員も乗客も決してパニックに陥らず、ことにブリッジの機関銃でドイツ機を射撃し続けた銃手の勇気と技量には深い感銘を受けた。対空砲を含めて彼ら八人の軍人が本船に派遣されていたが、空襲時にはだれもが懸命な射撃を試みた。ある射手は銃弾トレーが空になり、私に向かって「だれか銃弾トレーを運べ！」と叫び、私はブリッジにいた一人を支援に向かわせたほどだった』

エンプレス・オブ・ブリテンが攻撃されたとき、ヨーペ中尉が確認した位置はアイルランド北西海岸沖八〇キロであり、乗機のＦｗ200コンドルは機首に機銃弾による損傷をかなり受けていた。一方、巨船攻撃の情報はドイツ空軍からロリアンに在ったＵボート本部に伝えられ、付近のＵボート艦長に対して「兵員輸送船」の所在情報が無線で転電された。さらに、ドイツ空軍の偵察機が飛来して兵員輸送船がタグボートに牽引されて、火災が鎮火しつつある模様だという情報を再び知らせてきたのである。

この兵員輸送船の所在情報をＵ32の無線手が聴取したが、付近にはヴィルフレッド・プレルベルグ大尉（Ｕ19・Ｕ31艦長、注２―24）のＵ31がいるはずであり、手負いの巨船はすぐに始末するであろうと思ってイェニシュは戦闘行動を起こさなかった。だが翌日も同じ情報が繰り返して伝えられ、指定位置から九六キロも離れた海域にいたＵ32はこの段階で戦闘行動を起こしたのである。そして、十月二十八日の正午まで黒煙を吐く商船の姿は捉えられなかったが、水平線上に護衛駆逐艦のマストを発見した。これは一九一九年進水の旧式なＳ級駆逐艦のサードニクスと、それよりは若干新しいシェークスピア・クラスの駆逐艦ブロークであった。

Ｕ32から見える視界は次第に良くなり、やがて四ノットで牽引中のエンプレス・オブ・ブリテンの巨体が確実に視認され、上空にはサンダーランド飛行艇が旋回しながらＵボートの接近を警戒していた。日が落ちて夕闇が迫るころＵ32は浮上したが、巨船の姿はもう視界にはなかった。そこで潜航に入って聴音機をもって周囲の音源を探ると、距離三二キロにおいて幾つかの推進器音を探知することができた。

危険は大きかったがイェニシュは暗くなった海上を音源に向けて水上航走で追尾してゆくと、やがて駆逐艦に護衛された二隻のタグボートが巨船を引きながらＵボートの攻撃を避けるためのジグザグ航路を取っているのが見えた。イェニシュは冷静に水上航走速度を上げて距離六〇〇メートルまで忍び寄ると、エンプレス・オブ・ブリテンの左舷方向から三本の魚雷を発射した。魚雷一本が船体左舷前方に、そしてもう一本は煙突下に、そして三発目はエンジン・ルームに命中したがこの三発目は早期爆発だった。

もっとも、英側の記録によれば命中魚雷は四発で、沈没までに一〇分を要したとされている。いずれにしても、魚雷の直撃を受けた巨船は大きな蒸気雲に包まれていたが四分後には洋上から姿を消していた。Ｕ32は闇の中で緊急旋回をすると反対方向へ向けて全速力で脱出していった。

イェニシュ艦長はＵ32に赴任する前に駆逐艦リヒヤルト・バイツァーとセオドァ・リーデルに乗艦していたが、この両艦は一九四〇年三月のノルウェー侵攻戦の戦闘で沈没した。イェニシュはその直前にＵ32の艦長に転出して幸運が得られたが、幸運の女神が今度はイェニ

総統官邸で通商破壊戦の功績により柏葉騎士十字章を授与されるU47のプリーン大尉（右）と、ヒトラー、レーダー元帥。

シュには微笑んではくれなかった。

　現場海域を脱出したU32は西方に針路をとり、巨船の撃沈をUボート艦隊司令部に報告した。折からデーニッツはロリアンから移したパリの司令部からベルリンへ飛行機で飛んでいた。これは英艦隊の泊地スカパ・フローに侵入し戦艦を攻撃して名を馳せた、U47のギュンター・プリーン大尉がその後の通商破壊戦で示した功績により、柏葉騎士十字章をヒトラーから授与されることになり、ともにベルリンの総統官邸に向かわねばならなかったからである。デーニッツはベルリンのテンペルホフ空港からカイザーホフホテルへ祝宴のために車で向かったが、そのホテルでUボート艦隊司令部から電話で呼び出されてこの快挙を知らされたのである。テーブルにもどったデーニッツはU32のイェニシュ艦長がエンプレス・オブ・ブリテンを沈めたというニュースを披露して夕食会に華を添えたのだった。

　一月三十日の昼ころ、U32は次の獲物である五三七二トンの英船バルザックを発見した。この船は船団を脱落したらしくジグザグ航行をしていて、もしかすると囮船の「Q」シップ

（注2—25）ではないかと考えたが魚雷を発射した。しかし、魚雷は狙った位置を逸れてブリッジ右舷の後方四五メートルばかりのところで爆発して巨大な水柱が立ち昇った。雷撃されたバルザックはその水柱が魚雷とは気付かずに「Uボートの砲撃を受けている！」と緊急電信を発信した。

海中のUボートを捜索するアスディック（ASDIC）探知装置を聴いて敵の距離と位置を割りだす英駆逐艦の聴音員。

折からSC8船団を探していた駆逐艦ハーヴェスターと、一六キロほど離れた位置で同じく船団護衛のために合流しようとしていた二隻の護衛艦がバルザックからの緊急電信を受信した。この二隻はともに新造艦であり、ブラジル海軍用に建造された駆逐艦を大戦開始とともに英海軍が徴用したものだった。駆逐艦ハーヴェスターは七二キロ離れていたが二五ノットの速度でバルザックの雷撃位置へ向かい、緊急電信受信から一時間半後の午後四時十分に船団から遅れたバルザックの乗員からUボートによる攻撃状況を聴取していた。

一方、U32は大きな水柱を目撃したのち潜航して潜望鏡深度にして様子を見ると、駆逐艦が見えたのですぐに急速潜航に入り聴音機を用いて周囲の音源を探ったが、駆逐艦が攻撃しようとする動きは察知されなかった。そこで、再びU32は潜望鏡深度にもどって潜望鏡を上げてみると、駆逐艦がまだ海上に残っていたので再び深く潜航した。このとき、聴音手が音源不明の音が聞こえるとイェニシュ艦長に報告したが、イェニシュは、本艦は目下水中全速で目標（バルザック）に接近中であり、「不審音は当艦の騒音だ！」と答えた。

夕刻の六時に駆逐艦ハーヴェスターのアスディックが、バルザックの左舷船首方向九一〇メートル付近でUボートのコンタクトを得た。そして、同じころ監視員が肉眼で潜望鏡が海上に六〇センチほど突出しているのを発見した。同時にU32も潜望鏡で駆逐艦ハーヴェスターを至近距離で捉えたため再び緊急深々度潜航が下令された。このときのU32の位置は駆逐艦ハーヴェスターの左舷正横七三メートルにあり、駆逐艦内では「SSS＝Uボート発見！」の警報が鳴り響いて、ハーヴェスターの艦長はUボートに乗り上げようと後進全速と左舷全速を命じて艦の姿勢を変えると潜望鏡に向かって突進した。だが、U32は駆逐艦の旋回圏の内側に在ったので、駆逐艦はさらに艦を後進させてから内側に旋回して浅い水中にUボートがいると思われる位置で損傷を与えようと艦尾を左右に振った。U32は艦首角度を下にしてすでに深く潜航を始めていたが、ハーヴェスターはエンジンを停止して信管の深度調節を深くした六発の爆雷を投下した。もし、U32が駆逐艦の左舷側にいたら致命的損傷を受けたと思われるが、U32は急速潜航ののち巧妙に操艦して後進をかけ右舷側に旋回しつつ深く潜っていったため無事だった。ハーヴェスターの発射した爆雷の衝撃でU32は海中で大きく翻弄されたが重大な損傷を受けることはなかったのである。

だが、今度は駆逐艦ハイランダーのアスディックがU32を捕捉して、距離と位置を割り出すとUボート上を航過しながら位置を示す照明弾を海上に撃ち込んだ。そして、午後六時四十八分にハーヴェスターに対して「貴艦がコンタクトを得ても、Uボートの攻撃は当艦が行なう」と信号を送った。だがほとんど同時にハーヴェスターも距離一・七キロ以内にコンタクトを得るとハイランダーと同じ地点に向かった。

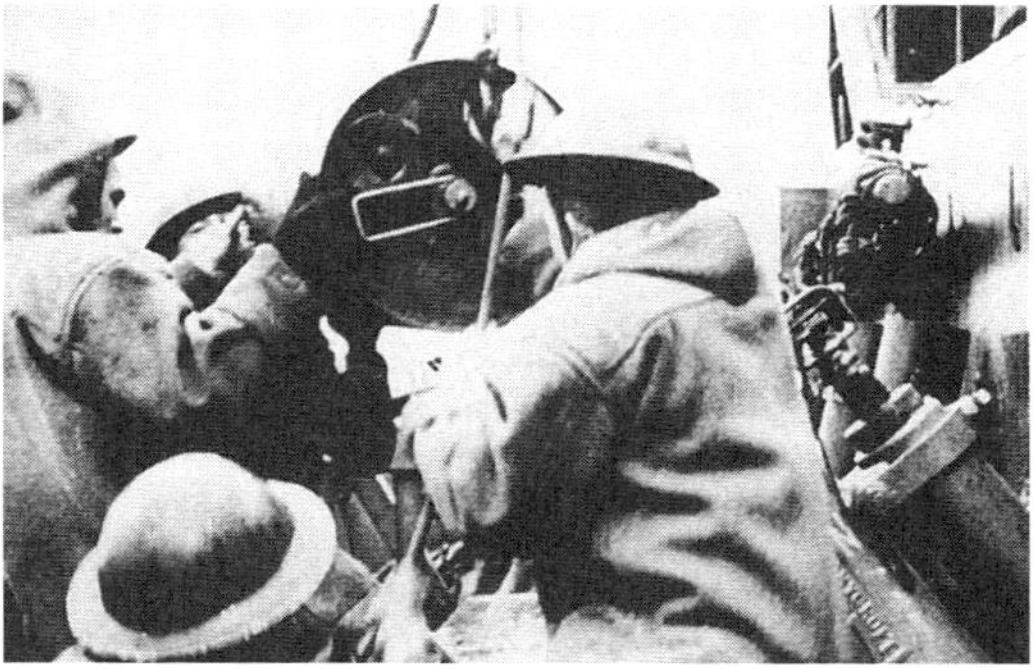

英駆逐艦における爆雷投下準備の様子。これはやがて、もっと効果的であるヘッジホッグ爆雷へと進化することになる。

六時四十五分、先にハイランダーが順次一四個の爆雷を投下したため、ハイランダーと同航（並進）していたハーヴェスターは海中の爆雷爆発のエコーによりコンタクトを失ってしまった。やがて、現場海域には雨が降り始め、周囲は暗く視界が悪くなったがハーヴェスターのアスディックが確実にUボートの存在を捉えた。しかし、先ほどの爆雷攻撃によりすでに海上には大きな気泡が浮かびあがり、Uボートが爆雷によってかなりの損害を受けたことを示していた。

　実際に爆雷攻撃により、U32の艦内照明系統は作動しなくなり電気システムは破壊され、各種弁も動かずパイプ接合部の歪みによって圧搾空気の調節弁が破壊されていた。あちこちで空気漏れが発生して艦の両側部にあるバラスト・タンク（注2―26）が圧壊して深度計も破壊され、電気スイッチ類のケーブルが天井からブラブラと吊り下がって戦闘不能となった。艦長は乗員を前方に移動させて全てのタンクから海水を排出するブローが命ぜられ、水平舵により浮上を試みたがモーターが作動しなかった。だが、午後七時八分、爆雷投下から一八分後にU32は艦首から急速に浮上したので、イェニシュ艦長は再び機関長に急速潜航を命じたが圧搾空気が全くなかった。これは駆逐艦に対する魚雷攻撃もできないことを意味し万事休したのだった。イェニシュは艦を捨てて脱出するように命令を下すと、乗員たちは艦橋のハッチから次々と海に飛び込み、機関科士官はU32が確実に沈没するように海水流入弁を開いた。

駆逐艦ハイランダーは僚艦ハーヴェスターに信号でU32の浮上を知らせると同時に一二センチ砲による砲撃を浴びせると、暗夜の中で一弾がU32の艦橋に命中した。暗い海上で何人が脱出したのかは分からなかったが、駆逐艦にUボートが衝突してくるかも知れず厳重に警戒したがこれは杞憂であった。なぜなら、すぐにUボートは艦首を高く海上に立てて艦尾を下にして沈没する様子が、ハーヴェスターのサーチライトの中に浮び上がったからである。ハーヴェスターは続けて一四発の爆雷投下の準備を進めていたが中止し、艦を後進させてU32の乗員が浮かぶ海面へ進み救助を行ない二九名を拾い上げ、続くハイランダーも四名を救助したが、U32はアキル岬（アイルランド大西洋岸）北西で次席士官を含む九名を失ったのである。

彼らが捕虜となったことは英国で公表されなかったが、Uボートの捕虜から得られた「ヒトラーの一連の勝利に対する楽観的な判断や政治情勢」に関する情報は、英国がドイツを洞察する上で極めて価値あるものであったといわれるが、捕虜尋問書は法により戦後一〇〇年間公開されることはなく本当のことは不明である。

U32は第2Uボート戦隊に所属し二名の艦長に指揮されて九回の哨戒作戦に参加したが、二二隻一二万八七六七トンを撃沈して四隻に損傷を与えた。また、本編の主人公であるハンス・イェニシュ大尉は英国の捕虜となったが、九ヵ月の哨戒作戦で一八隻一一万五二〇七トンを撃沈してUボート戦のエースの一人となった。

2―1　**英独海軍条約**●一九三五年六月に英独間で結ばれた海軍協定で、ドイツの水上戦闘艦は英国の三五パーセントで潜水艦は四五パーセントの比率となった。これによりドイツ大海艦隊が再建され、一九三九年一月に対英戦争に備えるZ計画（六年建艦計画）が開始された。このときのUボートの建造計画は二四九隻とされたが、実際に英独開戦時の保有数は五六隻で実働艦は四六隻だった。

2―2　**コンドル義勇軍**●一九三六年七月、人民戦線共和国（共産主義）に対してフランコ将軍の率いる国家主義者陣営（ファシズム）が反乱を起こした。いわゆるスペイン内乱でヒトラーはコンドル軍団（一万六〇〇〇人）を組織してフランコ将軍を軍事的に支援した。

2―3　**U28（VIIA型）**●一九三六年九月二十一日就役。著名なフリードリッヒ・グッゲンベルガー艦長など八名に指揮され、一四隻六万一六六一トンを撃沈。一九四四年八月四日解役。

U34（VIIA型）●一九三六年九月十二日就役。オットー・シュルツなど六名の艦長が指揮して二一隻九万七六九九トンを撃沈し、ほかに駆逐艦、潜水艦、掃海艇を沈めた。一九四三年九月八日解役。

2―4 **U35（ⅦA型）●**一九三六年十一月三日就役。艦長はヴェルナー・ロット大尉で四隻七八五〇トンを撃沈した。短命艦で一九三九年十一月二十九日、ベルゲン西方にて爆雷攻撃で沈没。

2―5 **ポケット戦艦ドイッチュラント●**中型艦に大攻撃力となる二八センチ砲六門を搭載した遠距離通商破壊艦で基準排水量は一万一七〇〇トン。一九三九年四月一日就役、一九四五年五月四日に自沈。

2―6 **サンダーランド飛行艇●**ショート・S・25サンダーランドは四発エンジンの大型飛行艇で、二次大戦中は英空軍や沿岸航空隊に配備され、長大な航続距離（四八〇〇キロメートル）を生かして海上哨戒任務に用いられUボートの疫病神となった。

2―7 **ウェリントン爆撃機●**ヴィッカース271ウェリントン爆撃機は、大戦初期の英爆撃兵団の主力双発軽爆撃機としてドイツ軍港爆撃に用いられたほか、一九四〇年以降は海上哨戒機としても活躍した。

2―8 **メッサーシュミットBf109戦闘機●**ドイツ空軍が大戦中最後まで使用した著名な主力戦闘機でヴィリー・メッサーシュミット博士が設計したBf109は各型合わせて三万九七五〇機が生産された。

メッサーシュミットBf110戦闘機●駆逐機と呼ばれた双発重戦闘機で、各型合わせて三万六八〇〇機が生産されたが、対戦闘機空戦では苦戦しのちにドイツ本土を空襲する英爆撃機を迎撃して活躍した。

2―9 **磁気ピストル●**魚雷の起爆装置（着発信管もあった）のこと。魚雷は艦船の磁界に入ると電気回路が閉じられることで起爆する。ドイツ海軍は初期のＰｉ１型磁気ピストルの不発問題にてこずり、Ｐｉ２、Ｐｉ３型磁気ピストルへと進んだ。

2—10 **沿岸型カヌー（Ⅱ型）**●大戦初期までに五〇隻建造された小型沿岸型Ｕボートで、乗員二五名、水上排水量二五三・八～三一四トン、水中排水量三〇一～三六四トンだった。ⅡA、ⅡB、ⅡC、ⅡD型があり燃料タンクを増設して航続距離を順次延伸した。

2—11 **U101（ⅦB型）**●一九四〇年三月十一日就役。艦長はフリッツ・フラウエンハイム大尉ほか五名で二〇隻一〇万五九三七トンを撃沈し三隻損傷。一九四五年五月三日、ノイシュタットで自沈した。

2—12 **UA**●トルコ海軍の「バチライ」として一九三九年九月二十八日に完成し、大戦勃発でドイツ海軍が接収した。七隻四万七〇六トンを撃沈して大戦を生き抜くが一九四五年五月三日、キールで自沈した。

2—13 **ディーゼル機関**●Ｕボートは通常ディーゼル機関と電動機が併用され、潜航時は電動機（七五〇馬力）航行を行なう。Ⅶ型ではディーゼルはＭＡＮ社型とゲルマニア・ヴェルフト型があり、おおむね一四〇〇馬力で二基を搭載した。

2—14 **HX49船団**●船団名は行く先別に「文字と数字」で区別された。主な船団名として、ＧＳＵ（北アフリカ—米国行）、ＨＧ（ジブラルタル—英国行）、ＨＸ（ニューヨーク・ハリファックス—英国行）、ＯＢ（リバプール—西方近接航路行）、ＯＧ（英国—ジブラルタル行）、ＯＮ（英国—北米行）、ＯＮＳ（英国—北米行・低速船団）、ＯＳ（英国—西アフリカ行）、ＰＱ（英国—北ロシア行）、ＳＣ（ハリファックス—英国行）、ＳＬ（西アフリカ—英国行）、ＵＳＧ（米国—北アフリカ行）などだった。

2―15　**狼群攻撃**●カール・デーニッツ元帥が一次大戦時の経験から発達させたUボート集団による船団攻撃戦術。

2―16　**U99（VIIB型）**●一九四〇年四月十八日就役。艦長は著名なオットー・クレッチマー大尉。三六隻二三万四五〇二トンを撃沈し五隻損傷。一九四一年三月十七日、フェロー諸島南西で爆雷攻撃を受けて浮上後自沈。クレッチマーほか三八名の乗員は捕虜となった。

2―17　**U100（VIIB型）**●一九四〇年三月十六日就役。艦長は著名なヨアヒム・シュプケ大尉で二六隻一三万七八一九トンを撃沈し四隻損傷。一九四一年三月十六日、フェロー諸島南西で駆逐艦ヴァノックの攻撃で沈没しシュプケは戦死した。

2―18　**U37（IXA型）**●一九三八年八月四日就役。艦長はハインリッヒ・シュッへ大尉ほか一一名で五一隻一九万四七七トンを撃沈した歴戦艦で、一九四五年五月五日、デンマークのゾンデルボルグ湾で自沈。

2―19　**ブンカー**●Uボートの修理、補給、および空からの攻撃を防ぐために設けられた三・五～七・三メートルの分厚いコンクリート天井を有する待避・補給・修理所。フランスのロリアン、ラパリス、ボルドー、あるいはノルウェーのトロンヘイムなどに大掛かりなブンカーが一九四二年後半から設置された。

2―20・21　**圧搾空気魚雷（蒸気方式）と電気魚雷（電気方式）**●五三・三センチ魚雷の標準的な推進システムは、「G7a型魚雷＝TI型」は油脂燃料と圧搾空気（圧縮空気を酸化剤とする蒸気方式）である。一方、「G7e型＝TIII型」はバッテリーを用いる電気推進方式だが、大戦後半にはこれらの魚雷に各種の誘導装置（音響追尾など）が搭載された。

2―22 **ルイス機関銃**●一次大戦で使用された旧式機関銃。二次大戦で兵器不足の英軍が五万梃を兵器庫から出して、主に船団を組む商船に対空兵器として搭載した。

2―23 **ベリー式信号**●一九一五年に米人ベリーが発明した色彩コンビネーション閃光信号。

2―24 **U19（IIB型）**●一九三六年一月十六日就役。艦長はハンス・メッケル大尉ほか一〇人（ヴィルフレッド・プレルベルグ大尉は四代目艦長）で一九四四年九月十日、黒海にて自沈するまで一四隻三万九〇七八トンを撃沈した。

2―25 **Qシップ**●一次大戦時、英海軍は一〇〇～四〇〇トンの各種船に、強力な隠蔽武装を施し囮船として海上に浮かべ、浮上して臨検に寄ってくるUボートを攻撃した。

2―26 **バラストタンク**●Uボートは内側に設置されたバラストタンクに海水を導入し重量を増して潜航（浮力の喪失）する。浮上時には圧縮空気を吹き込んで海水を排出（浮力を得る）する。

第3章　U331と戦艦バーラム

ドイツの潜水艦戦の中心戦力は七〇九隻建造された中型航洋艦Ⅶ型であることは前章でも述べたが、そのうちの八〇パーセントにあたる五七七隻がもっとも完成度の高いⅦC型だった。ⅦC型の航続距離はⅦA型より倍に伸びて一万二〇〇〇キロメートルとなり、クルップ製M351二八ミリ厚装甲鋼板を用いて潜航深度二〇〇メートル圧壊深度三〇〇メートルを達成したが、当時各国の潜水艦の潜航深度が七五～一〇〇メートルであったという事実からしてその優秀性が理解できる。そのⅦC型の第一艦がU331であり、エムデン（ドイツ北部ブレーメン西北西）のノルドゼェ・ヴェルク造船所で建造されたが、この造船所はことに建造技術が優れていて艦そのものの仕上がり精度が極めて高かった。

U331は一九四一年三月三十一日に就役、沈没したのが一九四二年十一月七日であり活動期間は一年半である。この間にU331を指揮した艦長はフライヘァ・ディートリッヒ・フォン・ティーゼンハウゼン大尉のみだった。ティーゼンハウゼンは一九一三年にバルト海沿いのリガ（ラトビアの首都）で生まれ、一次大戦後にドイツのブランデンブルグ（ドイツ東部の州）

U331の活動期間は１年半と短期であったが、戦艦バーラムを撃沈した。

に家族とともに移った。一九三四年に海軍兵学校を卒業すると士官候補生として訓練船ゴルチ・フォックに乗り組んで訓練を受けた後、軽巡洋艦カールスルーェ（六六五〇トン）に乗船して世界を巡る訓練航海を体験し、続いてフレンズブルグの海軍大学校に入校した。その後、軽巡ニュールンベルグ（六五二〇トン）の乗員となり、再び海軍大学で二次大戦開始の年となる一九三九年四月一日まで学んだ、いわば新生ドイツ海軍のエリート士官の一人だった。

二次大戦開始のときは第5海軍軍需部の副官を務めていたが、英独開戦直後の一九四〇年初頭にUボート部隊を志願してノイシュタット（ハンブルグ付近）のUボート訓練学校で潜水艦戦術を学んだ。そして、クラウス・コルト大尉の指揮するU93（注3―1）に短期間配属されたが、すぐにUボート戦のエースとして知られるオットー・クレッチマー大尉のU99で副長を同年末まで務めたのち、本編の主人公となる第1Uボート戦隊所属のU331の艦長に任命されたのだった。

キールから出航したU331の最初の哨戒作戦は一九四一年七月二日であり、ドイツ側がローゼンガルテン（薔薇庭）と呼ぶアイスランドとフェロー諸島の中間地点を通過して大西洋に入り、スペインのセント・ヴィンセント岬沖が哨戒海域だった。しかし、数週間は獲物がなく、唯一発見した船に艦首発射管から四発の魚雷を散開発射するがこの攻撃は失敗した。一方、緒戦のころはゆとりがあって僚艦と洋上で会同して物品の交換を行なったが、このときUボート同士の接触事故によりU331は第五潜水タンクを損傷してしまった。結局、一回目の哨戒作戦では戦果が得られず、一九四一年八月十九日にフランスのロリアンに入り以後第2Uボート戦隊に配属された。

二回目の哨戒作戦は一九四一年九月二十四日である。U331はロリアンを出るとビスケー湾を潜航と浮上航走を繰り返しながら地中海へと向かい、九月二十九日の夜中にジブラルタル海峡を浮上全速航走により通過し、英軍の攻撃を受けることなく地中海に入った。この作戦はグーベン戦闘団を編成した六隻のUボート、U75・U79・U97・U331・U371・U559（注3—2）によるもので、初めて地中海に入ったUボート群となった。U331は北アフリカのトブルクとギリシャのアレキサンドリアの中間で活動していたが、十月十日にソルム付近で軽船舶に銃撃されて乗員二名が負傷し一名が戦死した。これによりU331はフリッツ・

U331艦長のフライヘァ・ディートリッヒ・フォン・ティーゼンハウゼン大尉で、戦艦撃沈の功績で騎士十字章を受章した。

北アフリカ戦線で活動したブランデブルグ連隊の隊員たち。

フランケンハイム大佐が指揮する第23Uボート戦隊の基地であるギリシャのサラミスへ針路をとり、到着したのは十月十一日だった。

U331はここを基地として一九四一年十一月十二日に三回目の哨戒作戦に出た。このときは特殊作戦に従事することになり、七人の陸軍軍人を極秘裏に乗船させることになった。彼らはベルリンに本部を置くドイツの特殊部隊ブランデンブルグ教導連隊の隊員たちであり、北アフリカの沿岸部で破壊活動を行なうためにUボートから秘密裏に上陸させることが任務だった。彼らは一九四一年八月初旬から鉄道爆破作戦「オペラチオン・ハイ＝鮫作戦」のための訓練を行なって八月二十八日にギリシャのアテネへ空輸され、ここで国防軍情報部アプヴェァ（注3―3）第II部のシフホイアー大尉が合流し、ドルニェDo24軽爆撃機でアテネを飛び立とうとしたが、離陸時に事故が発生して破壊活動はいったん中止されていた。改めて海路による計画が立てられた結果、十一月十二日にU331によって海上輸送される計画に変わったという事情があったのである。

U331は特殊部隊員を乗船させると南方航路を進んで、四日後に北アフリカのエル・アラメイン（エジプト北部アラブス湾の町で英独軍の争奪の地となった）の西方二四キロに至った。破壊目標地はアレキサンドリア（エジプト北部の港）へ接続する鉄道線路であり、そこまではわずか数キロの地点だった。だが、この日は海が荒れて激浪のために特殊工作隊員たちを上陸させることができず、U331は海底に鎮座して二四時間をすごした。翌日、U331は動き出してリビヤの海岸から一・六キロのラス・ジベイカとラス・エル・シャギグの間でゴムボートに特殊隊員たちを乗せて上陸させ、連絡員としてU331の無線手ヴォルフガング・エベルツが加わった。ゴムボートはうまく岸に着くと見張りを一人残して目的地に向かい、二時間後には線路を警備していた二人の英軍兵士をナイフで倒してから破壊作業を完了し再び上陸地点に戻った。

バーラム（3万3590トン）は、地中海でU331に撃沈された。

海岸からは予定どおりにU331の緑灯が見えたので、特殊部隊員たちはゴムボートに乗り沖合のUボートへ向かって漕ぎ出し、位置を示すための信号弾を発射しようとした。しかし、運悪く信号弾が濡れていて発射できず、ゴムボートはU331の艦橋上で目を皿のようにして監視していたティーゼンハウゼン艦長と見張員の目に入らなかった。隊員たちのゴムボートはいったん岸にもどったが、数時間後に英軍の捜索隊によって発見され捕虜となったのである。

一方、海上にあったU331は終夜ブランデンブルグ隊員の帰還を待ったが隊員たちは現われず、やむなく夜明けに収容を断念して針路をサルームに向けた。十一月十八日から二十五日まで北アフリカ沿岸のサルームとメルサ・マトルー（エジプト地中海沿岸）の間で哨戒活動を行ない、昼間は潜航して夜間に浮上行動した。このころトブルク（リビヤ）を巡って英第八軍とロンメルのアフリカ軍団が死闘を演じていて、U331への指令はいかなる英軍への海上補給も阻止せよというものだった。英軍の補給は厳重に護衛された少数の船団によってエジプトのアレキサンドリアから行なわれ、上空には絶えず航空機が警戒にあたっていたため、U331は浮上と潜航を繰り返していた。

一九四一年十一月二十五日午前八時に北方でかすかな推進器音をU331の聴音手が捉えた。ティーゼンハウゼン艦長は潜望鏡深度に浮上して、上空と水平線上を慎重に偵察した結果、哨戒機と護衛艦が見えなかったので艦を浮上させた。だが、すぐに哨戒機が現われて、再びU331は急速潜航に入り、深度五〇メートルに沈下したが爆弾は投下されなかった。Uボートが聴音機の性能を最大限に発揮できる最適深度で、聴音捜索を正午まで続け安全を確認して午後になってから浮上した。だが、艦橋の哨戒員が最初に発見した敵機は距離が遠かったが二機目は近くて危険ですぐに潜航に入った。このとき、聴音手が推進器音を北東方向に捉えたのである。

ティーゼンハウゼン艦長はのちにこう述べている。

「我々は再び浮上して推進器音の聴こえた方角に全速力で向かったがしばらくの間は何も見

えなかった。やがて、東方に突然水平線を突き破る針のような幾本かの船のマストが見え始めた。このマストは南方へ移動している艦船群に違いない！

我々は潜航して相互の針路を接近させるように操艦して潜望鏡で偵察すると、クィーン・エリザベス級（注3―4）と思われる堂々たる三隻の戦艦が一列となって西方に進み、周囲を八隻の駆逐艦が厳重な哨戒網を敷いていた」

一九四一年十一月二十五日午後四時、U331の艦内では魚雷発射準備が完了し、洋上では沈む夕日が輝いて、太陽を背にする理想的な攻撃条件のもと艦内には緊張が走った。だが、英戦艦群はなにも知らずにUボートの雷撃コースへ向けて航走していた。

U331のティーゼンハウゼン艦長は潜望鏡を上げた。すると三隻の戦艦が前方から単縦陣となって航行し四隻の駆逐艦が両側を警戒しているのが見えた。しかし、午後四時十五分に駆逐艦ジャービスとグリフィンが戦艦の前方警戒位置へ移動し、二分後にジャービスの対潜警戒室が方位二二〇度で距離八二メートルという近距離にコンタクトありと報告した。まさにこれは攻撃準備を整えていたU331を捉えたものだった。また、ジャービスはもう一つの大きな探知エコー（反射）を左舷正横三六四～四五五メートル、方位四〇度～六〇度の間で捕捉したが、これらのエコーは暖かい日に良く発生する海水温度の異なる層によるものだと判断されて爆雷攻撃は行なわれなかった。

このときU331は潜望鏡深度のまま戦艦の前方をゆく、駆逐艦ジャービスとグリフィンの間を通過して戦艦の針路から見て左舷側に出ていた。間違いなく戦艦クィーン・エリザベスがバーラムとバリアントの二隻の戦艦を従え、待ち伏せるU331の前方近距離をすれ違うように

戦艦群の前方で護衛についていた駆逐艦ジャービスとグリフィン。U331は、この2隻の間を抜けてバーラムを雷撃した。

航走していた。やがて、三隻の戦艦はジグザグ航行により右方へ変針したため四時二十一分から二十四分の間では、先頭を行くクィーン・エリザベスがU331の艦首からもっとも離れた位置を右斜め方向に進み、それに続く戦艦バーラムはU331の前方近くを航過しようとしていた。

今やティーゼンハウゼン艦長は雷撃を行なうのにU331が二隻目の戦艦バーラムに対して最適な位置であることを知ったが、この位置はあまりにもバーラムに接近しすぎ、潜望鏡の十字線の中で戦艦の巨体が大きく写ってしまい、有効な魚雷発射角度が得られず発射のボタンを押すことができなかった。そこで、艦長はU331の左舷エンジンを止めて、右舷エンジンを全速前進にすると同時に方向舵を用いて、バーラムに対していくらか距離をおくことができ、同時に前部魚雷を戦艦の艦腹に向けて発射できるように姿勢を調整した。そして、U331の艦首前方を通過してゆくバーラムに、距離三七五メートルで艦首魚雷四門を一斉に発射したのは四時二十五分のことだった。

戦艦バリアント。同艦はU331の艦橋上を横切っていった。

だが、一番左側を航行していた戦艦バリアントはまだ右方への変針点に達せず直進していてU331の右方から迫ってきていた。ティーゼンハウゼンはバリアントがUボートに乗り上げてくるのではないかと思ったが、事実、艦橋の一部が戦艦の艦底により破壊されたと機関長から報告があったほどである。

Uボートではこのように危険な洋上の状況を把握できるのは、潜望鏡を通じて外を見ることができる艦長だけだが、このときは乗員に状況を知らせる余裕がなく、艦長は艦橋へ通じるハッチを閉じるように命令すると急速潜航に入って脱出を図った。

戦艦バリアントの航海日誌にはこう記されている。

「午後四時二十五分、当直士官が右舷前方でクィーン・エリザベスに続いて右に変針しながら進む戦艦バーラムの左舷側で、主橋楼（メーンマスト）を越えるような巨大な水柱が立ち上るのを見てUボートにより左舷側から雷撃されたことを知った。そして、爆発の一〇秒後にバーラムの後甲板が黒煙に覆われた。わが艦はすぐに前進全速になったが、このとき右舷艦底が何か障害物の上を航過したらしく右舵がそれに影響され、バリアントは八度ほど右舷に針路がずれ、また、艦体が異状な揺れを起こしたと報告があった。そして一五秒後に艦首右舷五～一〇度において、Uボートの艦橋を突っ切ったことが分かった。このとき我々が見たものは海上に突出した潜望鏡と、九〇センチほど海上に露出したUボートの艦橋の一部だったのである。そして、バリアントの艦橋から四五メートルほどの距離でUボートが深く潜ろうとしていたので、ポムポム砲（注3―5）を最大俯角（下向き）にして一九発ほど発射したが、近距離すぎて全弾Uボートの向こう側に着弾して

U331に雷撃されて壮烈な爆沈をする戦艦バーラムの連続写真。

しまった」

もう一つ戦艦バリアントに乗船していた下士官が残した記録がある。

「単縦陣の三隻の戦艦は一番右側がクィーン・エリザベス、次がバーラム、一番左がバリアントでありジグザグ航路のために先頭艦から順に右方に変針し、戦艦バーラムもバリアントの右舷側で変針した。このとき、私は巨大な水柱がバーラムの左舷前方砲塔の下あたりで立ち上るのが見えて、てっきり空からの爆撃だと思ったが、それに続く二つ目の大水柱が上がって魚雷攻撃であることを知った。すぐにバーラムは左舷側へ傾き煙突が海水につかるほどに傾斜していた。私は素早く上部デッキに出て見るとバーラムは巨大な爆発を起こし、その激しさからして弾薬庫の爆発だと直感した。そして、連装一〇センチ対空砲の砲弾と爆発による破片が、上空数百メートルに舞ったのち我々に降り注いできた。魚雷を発射したUボートは戦艦バリアントの艦首付近にあって前方のポムポム砲が射撃するが、これは近距離すぎてほとんど効果がなかった。Uボートに対してどのような戦闘行動が公式に命令されたのかは分からないが、バーラムの生存乗員が付近の海に泳いでいるのではないかという理由で、爆雷は投下されなかった」

爆沈した戦艦バーラムの満載時は三万一〇〇〇トンで乗員は一三一二名だが、うち八六二名が犠牲となり救助されたのは四五〇名のみだった。

一方、バリアントの艦底に艦橋を引っ掛けられて破壊されたU331は、まるで煉瓦が沈んで行くように海中深く沈下を始め、艦内では爆発音が四回聴取されて乗員は魚雷が目標に命中したことを知った。沈降する艦の深度計の針はどんどんと回り七〇メートルで沈下速度を落として八〇メートルで水平にしようとしたが、艦首が重くて艦は沈下を続けていった。乗員にとって幸運だったのは地中海が大西洋のような深海ではなかったことである。とはいえ、深度計はすでに二六五メートルを指していて、少なくともそれまでUボートが潜航したうちでは最大深度だと艦長は思った。

ティーゼンハウゼン艦長はこのときのことをこう述べている。

「沈下の止まらない艦は最終的に圧搾空気をブローしてタンク内の水を排出することでなんとか止まった。このような過酷な条件に耐えるUボートは乗員たちに強い信頼感を与えていた。船体にかかった圧力は一平方センチメートルあたり実に二六キログラムという凄いものであり、二六〇メートルという深海での水圧により、船体に一時的な歪みが生じて推進器軸が火花を散らしたが重大な損傷は発生しなかった」

こうしてU331は静かに北方に移動してから浮上し、疑うことない戦艦への雷撃成功を本部に打電してから、ギリシャのサラミスに針路を向け一九四一年十二月三日に到着した。

すぐにゲッペルス（注3―6）の率いるドイツ宣伝放送は「Uボートのフォン・ティーゼンハウゼン艦長は北アフリカのサルーム沖で英戦艦を魚雷一発で撃沈した」と発表したのである。ティーゼンハウゼン大尉は秘密裏にサラミス基地からベルリンに到着すると、十二月十六日に宣伝省のラジオ放送に出演して、戦艦バーラム襲撃の仔細を語って国民の士気高揚に大きな役割を果たした。このとき、地中海の戦いについてインタビューされたレコーディングのコピーがティーゼンハウゼンに渡されてそれが今日でも残っている。戦争中のことであり宣伝臭がしないでもないが、紙上再現により当時の雰囲気を知ることができる。

記者
「地中海にUボートが到着してから数週間がたって最初の報告が届いた。Uボートは地中海の戦場で多くの成功を収めており、一九四一年十一月中旬に航空母艦アーク・ロイヤル（第10章参照）を撃沈し、また戦艦マラヤ（注3―7）に大きな損害を与えた。

十一月末のドイツの正式発表によれば、Uボート艦長フライヘアー・フォン・ティーゼンハウゼン大尉は北アフリカのサラーム沖で、雷撃によって英戦艦バーラムを撃沈したが、そのときの状況はどうだったのか」

ドイツの宣伝戦を担当したヨゼフ・ゲッベルス。ラジオ放送を巧みに利用した。

艦長「（一九四一年）十一月二十五日の昼ころ浮上して航行中に、北方で煙を吐く単縦陣の艦隊を発見した。一五分後には駆逐艦のマストが認められ、私は艦の針路を敵の艦隊との遭遇地点に向けながらなお観察を続けると、次第に特徴ある戦艦の高いマストや橋楼などが見えてきたのでただちに全速前進を命じた。

Uボートの艦長にとって戦艦艦隊に遭遇することは稀なことであり、我々は接近して攻撃するためにあらゆる行動をとった。やがて、我々は潜航すると敵艦隊の針路に艦首を向け、潜望鏡深度で観察していると想定どおりに戦艦群が接近してきた。戦艦群は単縦陣だが先頭艦が左舷側に二隻を率いる体勢であり、その両側には四隻ずつの駆逐艦が護衛していた。私は艦内のそれぞれの部署に戦闘準備と魚雷戦用意を命じた。

天候は雲が多かったが雲間から強い陽が射して、海上の波高は二～三メートルで、Uボートの攻撃条件としては良いほうだった。このとき、我々の前方を進んで来る戦艦群の左舷に位置していた四隻の駆逐艦が護衛体勢を変えて、先頭戦艦の前方で哨戒網を形成したが右舷側の駆逐艦はそのままの位置だった。この前方の警戒駆逐艦の間を抜けて攻撃位置につくことが我々の役目だった」

記者「通過する護衛駆逐艦の間隔はどのくらいだったのか？」

艦長「間隔は五〇〇～六〇〇メートルだった。私は潜望鏡で敵艦隊の動きを逐一観察していたが、艦内の乗員は皆冷静に見え「コーヒーを一杯！」といえるほどの余裕があった。

やがて、先頭の戦艦から指令が出たものか艦隊の行動に動きが出た。

これは、恐らく航行体勢を変更するためであったろう。

しかし、我々が二隻の駆逐艦の間をすり抜けるには大きな危険があり、潜望鏡の操作にも繊細な注意が必要であることは勿論だった。

U331艦長ティーゼンハウゼンは、宣伝省のラジオに出演して臨場感あふれる戦場を語った。

「潜望鏡上げ！　下げ！」を繰り返して右方向からU331に向かって接近してくる二番目の戦艦に対して近距離で魚雷を発射した。三発の爆発音といつもの魚雷命中時に起こる騒音が続いた。私は魚雷攻撃に集中していて三番目の戦艦が我々の近くへ接近していることを知らなかった。突然、この三番目の戦艦が我々の方に突進してくるのが見え、私は急速潜航を命じた。しかし、すでに戦艦の艦首が目前にあったので。潜航できるか艦上を乗り切られるか非常に微妙な状況だった。暫時艦船の推進器音が聴こえたのちに軽爆雷が投下され、続いて爆雷が投下されたがそれ以降の追跡は行なわれなかった」

記者

「戦艦はUボートに衝突しなかったのか？」

艦長

「いや、我々は無傷だった。

そして、夕刻になって浮上すると攻撃海域に大きな光の輝きを見たが、多分、魚雷攻撃により戦艦の燃料が海上で燃えていたものだろう」

この宣伝放送はサラミスで休養していたU331の乗員の多くが聴いたが、艦長の話は事実のみを淡々と伝えていると感じていた。U331は一九四一年のクリスマスと四二年の新年をサラミスで過ごして一月中旬に出撃が予定されていたが、一九四二年の一月十二日に地中海で活動中の同僚艦でウノ・フォン・フィッチェル中尉のU374（注3―8）が英潜水艦アンビーテンによって撃沈された。U331は一九四二年一月十四日にサラミスから四回目の哨戒作戦に出撃し、北アフリカのトブルク沖を作戦海域にしたが戦果はなかった。トブルク沖では浅い海域の泥中に艦体が埋まってしまい、起爆装置を外した全ての魚雷を発射して重量を軽くしたうえ、潤滑油を艦外に排出してやっと脱出するというアクシデントに見舞われた。また、帰投途上では北アフリカ沿岸の海上を漂流中のイタリア航空兵五名を発見救助して基地に戻っている。

一九四二年一月二十七日、U331の雷撃から三ヵ月ほどしてから英海軍省は戦艦バーラムの損失を次のように公式に発表してU331の乗員たちを喜ばせた。

「戦艦バーラム（G・C・クーク大佐）は、地中海第2艦隊指揮官プリハム・ウィッペル中将が将旗を掲げていたが、遺憾ながら一九四一年十一月に沈没した。ウィッペル中将は無事であるがクーク大佐は艦と運命をともにした」

この公式発表を利用してドイツのラジオ放送は、ドイツがこれまで発表してきた戦果は常に正しいものだとして再三宣伝に利用した。他方、ドイツのラジオはフォン・ティーゼンハウゼン艦長に騎士十字章が、そして乗員の多くに勲章が授与されたことを伝えたのである。

U331はサラミスを出て一九四二年二月二十一日に地中海沿岸イタリアのラ・スペシアに到着して乗員は休養した。五回目の哨戒作戦は一九四二年四月四日に東地中海のベイルート付近に向かい、メッシナ海峡（シシリー島とイタリアの間の狭い海峡）を通過しギリシャのクレタ島沖で哨戒機の昼間攻撃を受けた。艦長はただちに急速潜航に入り爆弾三発が艦の周囲で爆発するが損害はなく一時間後に浮上した。同年四月八日の午後にベイルート沖に到着して聴音機を用いて水深を測ってみると非常に浅いことが分かった。そこで、昼間は空中偵察や沿岸に配置された情報員の注意を惹かぬように海底に鎮座して夜間に浮上した。Uボートから見るベイルートの沿岸は灯火の明かりに満ちて眩しいくらいであり、英国海峡における徹底した灯火管制を見てきた乗員には一種の驚きでさえあった。

この間に大きな帆船を発見するがUボートの存在を暴露することになるので攻撃を見合わせ、数日間付近を哨戒するが充分な獲物がなかった。そこで艦長は再び四月十五日の夕刻にベイルート沖にもどると港内に停泊中の船を攻撃した。この船は三九四四トンのノルウェー船ライダー・サーゲンだったが雷撃により大きな火災が発生した。その九時間後に港を出ようとした四〇〇〇トン級の船を魚雷で攻撃するがこれは失敗して逃げられてしまい、その夜遅くに油を運ぶ船だと推定して二隻の小型船舶を砲撃で沈めたが実際は単なる漁船であった。

翌四月十七日にベイルートとキプロスの間で船を拿捕して、乗員を救命艇に移乗させてから砲火で沈没させたが、このとき乗員の一人が負傷したため艦長はサラミス基地へ帰投することにした。途中、地中海で活動中のグッゲンベルガー艦長のU81（10章参照）の報告を傍受して、彼が西方でタンカーを撃沈したことを知った。U331は帰投途中にキプロス島とクレタ島の間で哨戒機を発見し、緊急潜航に入ったが攻撃されることはなかった。二時間後に再び浮上し航走を続けて四月十九日にサラミス基地に無事帰還し負傷者は病院に運ばれた。このとき副長が下艦することになり次席士官が副長に昇格して士官候補生は次席士官となった。

U331はここで新しいボールド欺瞞装置（注3−9）を搭載しただ、これに水素の泡を発生させアスディックのエコーを反射させて駆逐艦を欺くもので、Uボートが危機を脱出するために必要な十数分間を探知されないようにする装置だった。ついでギリシャの港で艦体の塗装を行ない、四月二十日にはヒトラーの五三歳の誕生祝いが行なわれた。一九四二年五月九日に六回目の出撃命令が出されてU331はサラミスを出ると、五月十九日午前十時に船団通信の傍受により、付近を捜索の結果四時間後に船団を発見した。

地中海を行く英国船団。手前の護衛艦上にユニオンジャック。

だが、航空護衛が厳重で昼間攻撃ができず、潜航中の艦は低速だったので船団との触接を失った。しかし、のちに再び通信を傍受することで船団の針路を予測して追跡に入り発見することができ、翌朝まだ暗いうちに浮上中のU331は北方から三発の魚雷を散開して船団に向け発射し、うち二発が命中して四二一六トンの英船イオセンは沈没した。U331はすぐに潜航して右舷三五度に針路をとったが、すぐに護衛艦により至近距離で四発の爆雷攻撃を受けて五番潜航タンクが破損した。ティーゼンハウゼンはボールド機器の発射を命じたが「ピーン・ピーン」というアスディック特有の捜索エコー音が近くで鳴り続けるとともに爆雷が投下されて艦は損傷を受けた。

艦長はもう一発ボールドの放出を命じると、効果があって今度は爆雷の投下は行なわれなかった。午前八時に海上に浮上したが、Uボートの損傷状況は酷く急速潜航が不能な状態となり、浮上航行してメッシナ海峡へ向かい、修理のために五月二十三日にシシリー島メッシナ港に入った。ここでは補給艦から燃料補給を受けて乗員の一部は陸上の兵舎で休養したほか、同港に停泊中の僚艦U568（注3―10）の乗員と交流したがこの艦は三日後に撃沈されてしまった。

しかし、ここにはドライ・ドックや大掛かりな修理施設はなく、イタリア人労働者による応急修理を受けて五月二十五日午後五時に、シシリー島のメッシナを出航しイタリアの駆逐艦がメッシナ海峡の南まで護衛してくれた。この航海もU331にとって七回目の哨戒作戦と記録され、こののち、北アフリカ沿岸のメルサ・マトルーとトブルクの間で哨戒活動を行ない、六月四日の夕刻に三隻の戦車揚陸艇を魚雷二発で攻撃したが、命中せず魚雷は七分間航走したのち自爆した。

ティーゼンハウゼン艦長はこのあたりは海が浅くてうろうろするのは危険であると考えたが、事実、空からの脅威による緊急警報は一日に一四、五回も出された。その上、ディーゼル機関にも故障が発生してU331は修理のために設備のあるイタリアのラ・スペシアに向かったのである。ラ・スペシアで艦は完全なオーバーホールを実施することになり全ての乗員に休暇が与えられ、Uボートの町といわれたデュッセルドルフで休養した。だが、一九四二年七月二十九日に市街に鳴り響くサイレンの音とともに、英空軍の爆撃機延べ六三〇機が飛来して九〇〇トンの爆弾が投下され、Uボートの乗員たちは厳しい現実を目のあたりにしたのである。

哨戒作戦中のUボートの乗員は三直制（注3―11）に従い、基地に停泊中の長期休暇では一八日ごとに交代するが、U331の乗員の最後の組は休暇をドイツで過ごすことができず、八月十二日に再び哨戒に出ることになった。しかし長期間全力運転を行なったディーゼル・エンジンの傷みは酷く本格的な修理が行なわれ、もう一度艦体に灰色の塗装が施されるとともに、艦橋には大蛇を横長に描いた紋章が描かれて出発準備が完了した。哨戒機の脅威に対抗してラ・スペシアでは新たな対空機関砲が搭載されて反撃力が増した。八八ミリ甲板砲のほかに一二・七ミリ機銃、そしてC30とC34の二種の連装二〇ミリ機関砲が搭載され、高度一五〇〇メートル付近で敵機の行動を抑えることができると期待された。しかし、これらの機関砲の砲架は艦橋とそれに接続する狭い場所に配置されたので各種の折り畳み方法が工夫されていた。また、艦前方に装備された対空砲の弾薬は艦橋内部にある弾薬箱に格納されるが、二〇ミリ機関砲は一〇発装塡クリップが準備され、一二・七ミリ機関砲は一五発クリップだった。各装塡クリップには射手が照準を定めるために銃弾から尾を引く二発の曳航弾と炸裂弾、そして通常弾各一発が組み合わされていた。

強化された2センチ連装対空砲や3.7センチ対空砲が見える。

また、哨戒作戦の出発前に緊急潜航時間を試験して

1942年に現われた逆探知装置FuMB 1メトックスのアンテナは潜航時には艦内に格納するが、乗員の評判は悪かった。

おくが、普通は深度三〇メートルまで二七秒で六〇メートルまでは六〇秒である。燃料は一二八トンを搭載し、消費を抑えて毎時一七ノットで航走するとすれば一日の消費量は一・七トンであり、食料や各種の条件からして作戦期間は長くて一ヵ月程度であった。

こうして準備の整ったU331はイタリアの駆逐艦に護衛されて僚艦U73（注3―12）とともにラ・スペシア基地から八回目の哨戒に出撃したのは一九四二年八月五日である。コルシカ島（地中海西部フランス領の島）の北へ針路をとり、水上を全速力で航走して新ディーゼル機関の調子を見た。八月八日に右舷真横にバレアリス諸島（地中海西部スペイン領）を見ながら水上航走をしていたが、突然、船首右舷方向の上空から哨戒機に襲われて三発の爆弾が投下されたが幸いにも命中せず損害はなかった。これは見張りについていた新顔の乗員が飛行機の黒点を見逃したためだった。

U331の副長はただちに潜航を命じたが、艦長はこの命令を取り消して強化された対空砲を用いて哨戒機を撃墜しようとした。このとき上空から攻撃したのは第233飛行隊のハドソン機であるが、やはり空からの攻撃は最大の脅威であり、U331の副長と水兵二名そして下士官一名が負傷した。強力な武装は反撃力としておおいに期待されたが、ハドソン機を撃墜することはできず、艦長と乗員は失望せざるをえなかった。空からの攻撃により負傷者が出て、艦長はやむなく再びラ・スペシアに戻ることにしたのである。

1943年に装備された、センチ波レーダーの逆探知装置のFu-MBナクソス。丸いアンテナを艦橋上に見ることができる。

　このとき英軍は地中海のマルタ島に補給を行なうためのペデスタル作戦を敢行し、船団と多数の護衛艦が地中海を航海していた。一九四二年八月十二日にともに出撃したU73は航空母艦イーグル（注3―13）を撃沈して殊勲艦となった。この日の朝U331はラ・スペシアにもどって負傷者を陸上の病院に収容し、燃料を補給すると深夜には再びバレアリス諸島に向けて出航していったが、この哨戒作戦では獲物がなく九月十五日にラ・スペシアに帰投した。

　一九四二年十月十八日にラ・スペシアに停泊中のU331に一つの命令が届いた。これはローマに在る地中海方面Uボート艦隊司令部（FdUと称し、当時はドイツ海軍特殊部隊と同居していた）のクレイシュ大佐から出されたもので、「これより以降、巡洋艦以下の艦の攻撃を許可する」というものだった。これはある意味でUボートが積極的に駆逐艦や護衛艦と戦闘できる自由を得たということだった。もともとUボートの存在を極力秘匿して価値ある目標を攻撃するという戦術であったのだが、戦争の進展とともにもはやそのような戦術の実行が効果的でなくなったからである。

U331のティーゼンハウゼン艦長は報告書の中で、自艦の付近で船団の存在を知りながら捜索に失敗したことをしばしば指摘していた。こうした欠陥を改善するには捜索装置（レーダー）が必要であることは明らかであった。ことにティーゼンハウゼンはこのことに熱心で、のちにキールやベルリンでレーダー捜索装置開発の必要性を強く訴えていた。一方、捜索レーダーを搭載する連合軍の航空機や艦船によるUボートの発見率が高くなりその対策として、Uボートを捜索するレーダー波を捉えるメトックス逆探知装置（注3―14）が搭載されることになった。しかし、この装置は艦内に格納したアンテナを浮上すると同時に艦橋に運んで設置し、アンテナは艦内の受信装置と長いケーブルで接続するため非常に不便だった。アンテナは急速潜航では艦内に格納せねばならず、長いケーブルがハッチに引っかかったりして非常に危険だという理由で、メトックス装置は暫定的な装置としてあまり信頼されなかった。

U331は一九四二年十一月七日に四九人の乗員を乗せて、ラ・スペシアの第一埠頭を離れて九回目の哨戒作戦に出た。士官五名と下士官一五名および乗員二九名である。新たな士官候補生としてフランツ・シュタンツェルが加わった。彼は一九四〇年に志願して海軍に入りシュトラズンドで訓練を三ヵ月受け、さらにフレンズブルグのミュルヴィックの海軍兵学校で学んだのち哨戒艇長として英国海峡を哨戒していたが、その後フレンズブルグとバルト海のピラウでUボートの訓練を受けてからU331へ配属された。このシュタンツェルはのちに次席士官そして副長となった。

一九四二年の夏、地中海西ジブラルタル方面で連合軍の通信量が増加し明らかになにかが進行中であった。これは連合軍の北アフリカ上陸「トーチ作戦」の前ぶれであった。砂漠で戦う英第8軍は十一月三日までにロンメルのアフリカ軍団と枢軸軍を、エル・アラメイン戦線で撃破して圧倒的な兵力差に物言わせて追撃戦に入った。司令官のバーナード・モントゴメリー大将は北アフリカの戦闘はわが軍の勝利によって終了したと発表した。

このアフリカ戦線の危機に際してU331の艦長は乗員を集めて、ヒトラー総統は「北アフリカの戦況は重大な局面を迎え、いまや、生きるか死ぬかの瀬戸際である」とUボートに対して指令を出したと述べた。

U331は十一月七日にコルシカ島の北を抜けて南へ針路を取り、水上航走全速力で地中海の反対側にあるアルジェ海域に向かった。このとき連合軍はアルジェに第二戦線を構築する目的でトーチ上陸作戦が開始され、上陸部隊を運ぶ船団はU331が目的地とするアルジェの同じ海域へと向かい十一月七日の夕方までに地中海深く進んでいた。この中に九一三五トンの米輸送艦リーデスタウンが含まれ、船内には二四隻の上陸用舟艇と米第39戦闘団第3大隊と第1特殊部隊（コマンドー）が乗船していたが、彼らは上陸予備軍として主攻撃部隊の上陸後二時間船内で待機する予定だった。

一九四二年十一月八日以降の連合軍の上陸作戦は順調に進み、アルジェ近郊に二ヵ所の航空基地を確保して上陸九〇分後には迅速に英空軍が進出した。遅ればせながら独伊空軍機が上陸地点に攻撃をかけ、アルジェの町から二四キロほどの地点に錨を下ろして増援部隊を揚陸しているリーデスタウンが狙われた。そして、ドイツ空軍機が魚雷をもって攻撃するとこれが右舷に命中して大損害を与えたのである。

ついで、午後になると風力六という強風の中を二機のドイツ機が来襲して三発の爆弾を投下すると一発が至近弾となった。リーデスタウンの見張りはこの空からの攻撃に気を取られ、アルジェの沖合から忍び寄ったU331が攻撃のために潜望鏡で観察していることに気が付かなかった。やがて、U331の魚雷によって巨大な爆発が船側で起こると船を揺さぶり、同時に海水、煙、破片が空中高く吹き飛ばされた。船はすぐに右舷を下にして主甲板は九〇センチほど海中に沈んだ。それから一〇分後に総員退去が発せられると七〇分後に艦長も海中に飛び込み、コルベット艦サムが八〇分後に彼らを含めて一〇四名の生存者を救助して翌朝アルジェ港に運んだ。

一方、Uボート本部はアルジェ沖のU331から「午後二時四分、停泊中の二本煙突の大型兵員輸送船を撃沈した」という報告を受けとったのである。

トーチ作戦による北アフリカ上陸が行なわれ、多くの有名な商船から転換された兵員輸送船が用いられ、部隊を運んだ。

アルジェ海岸で、ドイツ機の攻撃により炎上する米揚陸艦リーデスタウン。このあと、U331の雷撃によって撃沈される。

それから三日後の一九四二年十一月十二日午後十時四十分に「U331は本日早朝、アルジェ沖で船団攻撃中に強力な爆雷攻撃を受けた結果、浅い海に入り前方潜舵（注3—15）が海底に接触して損傷し、手動で作動するも短期間のドック入りを要請する」と戦隊本部に連絡が入った。しかし、北アフリカへ連合軍が上陸して西地中海でのUボートの活動を中断することができない状況にあり、絶対的にドックに入る必要がある場合をのぞき同海域に残るように命令された。このために同海域に残っていたU331は十一月十三日に浮上して報告を送信中に駆逐艦に発見されて、爆雷攻撃を受けたがこれはうまく逃げることができた。

　地中海で活動するUボートは一九四三年までは短波か中波（注3—16）を用いて、ローマの地中海方面本部およびサラミスの戦隊本部と通信を行なっていた。ことに、ベルリンからは午前十一時、午後三時、午後九時に放送があり、この波長域での受信には潜望鏡深度あるいは浮上することが必要であった。そこで、U331は十一月十三日に潜望鏡深度まで浮上して周囲を警戒しつつ無線を受信していた。このとき、潜望鏡を覗く副長が光を発する駆逐艦が認めら

Uボート艦内で暗号書を見る通信手だが
本部とは中波か短波で通信を行なった。

れると報告し、艦長は即座に潜航を命じて深度三〇メートルまで潜っていった。だが、すぐに爆雷攻撃が開始されたのでU331は海中で針路を幾度も変えて逃げ回り投下された爆雷数は二五発を数えた。

　ティーゼンハウゼン艦長はアスディック探知を騙すボールドを海中に発射すると、Uボートを捜索するピーン、ピーンという探知音は消えた。だが、効果の切れた三〇分後には再び探知音が聴こえて三〇発以上の爆雷が投下されて海は沸き返った。そこで、艦長はもう一発ボールドを発射するとその位置に一〇発以上の爆雷が投下され、これは明らかに護衛艦がボールドに騙された結果だった。しかし、この爆雷攻撃でU331は前方潜舵モーターに被害を蒙り、全ての深度計が破壊されてしまい乗員は艦の潜航深度を知ることができなくなった。執拗な爆雷攻撃は六～七時間続行されたがどうやら逃げることができ、浮上したときには付近はすでに暗くなっていた。

　十一月十五日～十六日の夜、U331は駆逐艦を発見するが攻撃は受けなかった。翌十一月十七日にはアルジェ北西沖で潜望鏡深度にして偵察を行ない、とくに敵艦の兆候がなかったので浮上して低速で西方に航行していた。このとき、メトックス逆探知装置は使用せず艦橋の目視監視の乗員が艦首前方に航空機の黒点を発見した。この艦橋の見張りは両舷側二人ずつ計四人で行ない左舷艦尾方向九〇度は当直士官、艦首九〇度は当直要員、同様に右舷艦首方向九〇度は下士官当直、艦尾方向九〇度は当直要員が担当するが、この監視任務はUボートではもっとも重要なものの一つだった。彼らは反射防止レンズのついたツァイス製の高性能双眼鏡を支給され、悪天候下でも行なわれる狭い艦橋での見張り任務はもっとも過酷なものだった。

海上と上空の厳重な哨戒が行なわれる。艦橋上の丸いものは方位アンテナで、未使用の時には艦橋脇に格納されている。

レーダーが実用化されるまで、Uボートでの哨戒は人の目と耳に頼るほかなかったが、Uボートのディーゼル・エンジンの騒音が、しばしば接近する英沿岸航空隊哨戒機のエンジン音を消したので、英軍はこのUボートの見張りの欠点を突く作戦をとった。Uボートの哨戒員が敵機を発見すると電鈴警報をもって艦内に知らせ、下士官が艦橋下にある指揮所の艦長のところに向かい、見張員は艦内に飛び込んで、最後に当直士官が方位アンテナなどを格納して避退しハッチを閉めて指揮所の配置につくのである。そして、敵機を発見しても時間的な余裕がある場合は交戦を避けて急速潜航を行なう。しかし、発見距離が二〇〇〇〜三〇〇〇メートル以内の場合は潜航が間に合わないので、対空戦闘を行なうように指示されていた。

U331が発見した敵機の位置はやや遠く発見された様子は見えなかった。U331は急速潜航に入ったが敵機からの攻撃はなく、二時間後に再び潜望鏡深度で海上を慎重に偵察してから浮上した。だが、実はU331の付近を航過していった機はUボートの存在に気がついていたのである。この機はオラン（アルジェリア）付近のタフォリ基地から哨戒飛行する第500飛行隊のハドソン機（Z号機）で、ニュージーランド人パイロットのイアン・パターソンが操縦していたが、彼はずっと遠方に浮上中のUボートを視認すると罠にかけようと考えた。

この日は天気が良くて白いカモフラージュを施したハドソン機が海上から発見される距離は三〇〇〇メートルくらいだった。このときパターソンはハドソン機の機首を東方の太陽の方角に向けて上昇させて一旦同海域から一〇〇キロばかり離れ、再びもとの海域にもどると上空高い位置から双眼鏡で海面を観察してUボートの航跡を捉えた。パターソンは乗員に攻撃準備を命じて高空から速度を抑えながらゆっくりと長い降下を始めた。しかし、降下速度が速いために爆弾倉の扉が半分しか開かず、これが機体の安定を損なったがなんとか攻撃行動を続行することができた。

浮上中のU331はこのとき、やっと右舷の見張りが降下してくるハドソン機を発見して警報を鳴らして緊急潜航に入った。パターソンのハドソン機はUボートに三〇〇メートルほどの距離に迫ると高度を六〇メートルの低空に下げて、艦橋付近で上昇に転じる直前にMｋ６型航空爆雷を爆発深度一〇・六メートルにセットして投下すると、三発がUボート上に落ちて四発目は艦橋に引っかかった。この不意打ちと爆発によってU331の艦内は混乱し八八ミリ甲板砲は戦闘不能となり、艦の前方ハッチが破裂して開いて動かなくなった。海水が前方区画に流入してきて艦長は前方防水隔壁を閉鎖するように命じたが、ディーゼル機関も蓄電池も損傷して作動しなくなった。しかし、耐圧船体はまだ損傷していなかったので、艦長は残った蓄電池にスイッチを切り変えてこの海域を離れようと必死に務めた。

U331を航空爆雷で攻撃したニュージーランド人パイロット、パターソン少佐の乗機と同じ第500飛行隊所属のハドソン機。

　ハドソン機を操縦するパターソンはUボートの両側面に落下した爆雷の爆発により、Uボートが海面から持ち上がるのが見えたと主張している。

　U331のティーゼンハウゼン艦長は、三発の爆雷が投下されU331の右舷一三〜一五メートルほどで爆発したと思い、さらなる攻撃がある場合「総員退去」をせねばならないと決心して乗員に救命ジャケットの着用を命じた。ハドソン機はU331の右舷側を通過しながらUボートの対空砲の反撃を阻止するために機銃掃射を行ないつつ上空三〇〇メートルに上昇すると反転して再び攻撃態勢に入った。このとき、第500飛行隊のL号機とC号機の二機のハドソン機が現われ、L号機が高度一五メートルという超低空でUボートの右舷六〇度からMk11型航空爆雷を一一メートル間隔で投下した。L号機のパイロットは第一の爆雷は右舷側、二発目は左舷側で三、四発目は左舷側を越えて落下したと述べている。

爆雷が投下されたときU331は洋上にあったが、この強烈な攻撃は艦内のあらゆる深度計やコンパスといった計器類のほか操舵装置を破壊してしまい、U331は洋上で円を描いてゆっくりと航走するだけだった。この事態に対して艦長は必要以外の乗員は直ちに上甲板に出て脱出するように命じた。上空では残ったC号機が高度を超低空の一五メートルに下げて、三発の航空爆雷をUボートの右舷六〇度の方角から投下し二発が艦橋の両側で爆発した。海水の大きな飛沫が納まると、まだ海上に浮かんでいたUボートの艦上では数名の乗員が殺傷されていた。そして、艦長は対空戦闘のために射手を対空砲の位置につけようとしたが、ハドソン機が執拗に艦橋を狙って機銃掃射を繰り返したため上甲板は乗員の鮮血で染まった。次に数名の乗員はハドソン機の攻撃の合間を見て海中に飛び込んで航空攻撃から逃れたのだった。一方、搭載爆弾を全て投下したC号機、L号機の二機のハドソン機は基地へと帰り、まだ、上空にいたパターソンのハドソン機も機銃弾をほとんど消費し、強烈な破壊力をもつ着発信管をつけた一〇〇ポンド対潜爆弾（四五・五キロ）一発が残っていた。Uボートの上を黒煙が覆っていて目標の確認が難しかったがパターソン機は上昇に移り最後の降下爆撃体勢をとった。

U331は前方ハッチが開いたままで潜航できなくなっていた。そこで、ティーゼンハウゼンはもはや戦闘能力がない艦であると考え、白旗を用意させてハドソン機に振ることで乗員の生命を救ったのである。この降伏行動は最後の攻撃に入ったハドソン機のパターソンが理解して攻撃を止めたが、燃料が尽きて基地にもどらねばならなかった。そこで、パターソンは付近の連合軍艦船に降伏したUボートの乗員救助を要請したがそのような行動を取れる艦は付近にいなかった。そこでパターソンは付近のアルジェリア近郊の基地に着陸すると、すぐに英海軍基地に電話で降伏したU331の位置を伝え、司令部の命を受けた駆逐艦ウィルトンが現場海域へ向かったのである。一方、パターソンも燃料と弾薬を補給して駆逐艦を支援するために再び現場海域へと離陸していった。

航空母艦フォーミダブル。艦載機であったグラマン・マートレット機は、降伏したU331を攻撃して機銃掃射を行なった。

この間U331の一部の乗員はすでに海上に脱出していたが、彼らはハドソン機が去ったので再びUボートに泳ぎもどった。海上に漂うU331は艦首に浸水したため前部が深く沈んで艦尾をかなり空中に突出させていた。艦長は乗員の生存チャンスを得るために機関室で停止しているエンジンの修理を督促していたが、これに応えて機関要員は修理に成功して低速ならば機関と電動機が可動状態になった。そこで艦長は推定一九キロほど離れた北アフリカ沿岸に向けて艦をゆっくりと航行させ、海岸が近くなったときに自沈しようと考えて、エニグマ暗号機（注3—17）を破壊し機密書類を錘の入った袋で海に沈めると、最後に平文電信でU331の位置を打電した。だが、その間にU331は艦首の沈下が激しくなって艦尾の推進器が海上に露出し始めた。負傷者はまだ艦内に在り、他の乗員は脱出のために上甲板の救命ゴムボートを引き出したが爆雷の爆発で使用不能になっていた。

一方、パターソンのハドソン機が発したUボート降伏の通信は、同海域にあった航空母艦フォーミダブル（注3—18）に聴取されて三機のアルバコァ雷撃機（注3—19）が発進し、グラマン・マートレット機（注3—20）が護衛について現場海域に到着した。このとき、パターソンのハドソン機も飛来したが、Uボートの捕獲と乗員の救助指令を受けた駆逐艦ウィルトンはまだ一二・八キロほど離れた位置にあった。パターソンはUボートが降伏したにもかかわらず艦載機が攻撃するのではないかと懸念しながらUボートの上空で見ていると、グラマン・マートレットが降下してゆき白旗を掲げたUボートのデッキを艦首から艦尾にかけて機銃掃射を加えた。銃弾は艦橋を貫通して数名の乗員を殺傷したが中にティーゼンハウゼン艦長と次席士官が含まれていた。そしてアルバコァ雷撃機の一機が距離六三七メートルでMk12型航空魚雷（四五・八センチ）をU331に向かって投下した。負傷した艦長は突進してくる魚雷の航跡を見て手動輪により右舷回頭を命じたが避け切れずに魚雷は命中し、大きな爆発がUボートを破壊して上空に在ったハドソン機にまで破片が舞い上がった。その爆発は艦内に在った右舷側の乗員を殺傷して海中に吹き飛ばし、二回目の爆発が海中で起こってU331は残骸となった。やっと付近に到着した駆逐艦ウィルトンはまだ距離があって航空攻撃を阻止する行動をとることができなかった。

やがて、飛行艇が一機現われて海中を漂う九名ほどの生存者の救助に当たったが、全員を運ぶことができず数名を残して飛び去った。降伏を認めたハドソン機のパターソンは上空からこの光景を眺めていたがどうしようもなく、いいようのない嫌悪感にかられながら基地にもどっていったのである。

その後、Uボート攻撃の功績を認められたイアン・パターソン少佐は一九四三年初頭に殊勲賞を授与され、白旗を掲げたUボートを雷撃したアルバコアのパイロットは軍法会議にかけられた。そして、最終的にU331の生存者は一七名（副長、次席士官、士官候補生、下士官四名、兵九名）でありジブラルタルに送られたが、艦長を含む五名は重傷を負っていた。なお、一名はジブラルタルを脱走しようとして射殺されている。のちに、地中海艦隊司令長官カニンガム中将はティーゼンハウゼン艦長の戦艦バーラム雷撃を「大胆な攻撃」と描写したが、敵からの賞賛ほど価値ある言葉はないであろう。

3―1　U93（VIIC型）●一九四〇年七月三十日就役。クラウス・コルト大尉ほか二名の艦長に指揮されて八隻四万三三九二トンを撃沈。一九四二年一月十五日、大西洋マディラ諸島（ポルトガル領）北方で駆逐艦に撃沈された。

3―2　U75（VIIB型）●一九四〇年十月十八日就役。艦長はヘルムート・リンゲルマン大尉で五隻二万六四六一トンを撃沈。一九四一年十二月二十八日に北アフリカ沿岸メルサ・マトルー沖西方で駆逐艦により沈没。

U79（VIIC型）●一九四一年二月十五日就役。艦長はヴォルフガング・カウフマン大尉で二隻二万九八三トンを撃沈し二隻損傷。一九四一年三月十三日、地中海バルディア沖で自沈。

U97（VIIC型）●一九四〇年九月二十八日就役。艦長はウド・ヘイルマン大尉ほか二名で一六隻七万一二四〇トンを撃沈し一隻損傷。一九四三年六月十六日、北アフリカ・トブルク北方にて航空攻撃で沈没。

U371（VIIC型）●一九四一年三月十四日就役。艦長はハインリッヒ・ドリバーほか三名で九隻五万七五三五トンを撃沈し六隻損傷。一九四四年五月四日、アルジェリア北部のベジャイアで損傷自沈。

U559（VIIC型）●一九四一年二月二十七日就役。艦長ハンス・ハイデマン大尉で四隻一万一八一一トンを撃沈し一隻損傷。一九四二年十月三十日、ポートサイド北北東で駆逐艦により撃沈。

3―3 **国防軍情報部アプヴェァ**●ドイツ国防軍最高司令部情報機関でカナリス提督が指揮し、最盛期には要員二万人を擁した。しかし、アプヴェァ幹部の反ナチ活動が発覚してカナリスは逮捕され、アプヴェァは一九四四年六月にＳＳ（親衛隊）の情報組織ＲＳＨＡ（国家保安本部）に吸収された。

3―4 **クィーン・エリザベス級**●三万三〇〇〇トン級の戦艦でバーラム、マラヤ、クィーン・エリザベス、バリアントがあるが、いずれも一次大戦時の建造戦艦で一九三〇年代に対空装備など近代化改装を受けた。

3―5 **ポムポム砲**●英艦船に主として搭載された八連装自動対空砲。

3―6　**ヨゼフ・ゲッペルス宣伝相**●ドイツ第三帝国の宣伝省を率い、映像や放送を通じて戦場を銃後に持ち込む斬新な宣伝戦を展開した。一九四五年五月一日、ベルリンの総統壕において自殺。

3―7　**戦艦マラヤ**●一次大戦時のクィーン・エリザベス級戦艦で一九三四～三六年に近代化改装が行なわれた。基準排水量三万一四六五トンで三八センチ主砲八門を搭載した。

3―8　**U374（ⅦC型）**●一九四一年六月二十一日就役。三隻五一二〇トンを撃沈し一九四二年一月十二日、地中海イタリア南部で英潜水艦により撃沈された。

3―9　**ボールド欺瞞装置**●直径一〇センチの缶にカルシューム水素化合物を充塡してUボートから海中に発射する。缶は海水と混合して密集水素の泡を放出し、潜水艦探知用ソーナーを二〇～三〇分ほど欺瞞し、その間に危険海域から脱出するものだった。

3―10　**U568（ⅦC型）**●一九四一年五月一日就役。艦長はヨァヒム・プレス大尉で一隻六〇二三トンを撃沈し一隻損傷。一九四二年、北アフリカ・トブルク北東にて爆雷攻撃で沈没。

3―11　**三直制**●Uボートの一般乗員は八時間勤務、八時間就寝、八時間雑務の三直制で、機関系乗員は六時間エンジン室、六時間就寝の二直制、通信系乗員は朝八時から夜八時までの間に四時間当直（哨戒）、そして夜八時から朝八時までの間に六時間当直を行なった。なお、洋上航走中は士官と哨戒員四名が四時間交代で艦橋にて哨戒任務についた。

3―12　**U73（ⅦB型）**●一九四〇年九月三十日就役。艦長はヘルムート・ローゼンバウム大尉

（基準排水量三万六八〇〇トンの航空母艦イーグルを撃沈）とホルスト・デッケルト中尉で八隻六万二一七四トンを撃沈し三隻損傷。一九四三年十二月十六日に北アフリカ・オラン北西にて護衛艦の砲撃で沈没。

3—13　**航空母艦イーグル**●艦隊航空母艦（満載排水量四万六〇〇〇トン）でイーグル・クラスと呼ばれた新鋭艦で、ほかにアーク・ロイヤルがあったが、両艦ともに地中海でUボートに撃沈された。

3—14　**メトックス逆探知装置**●FuMB1「メトックス」（アンテナの形状からビスカヤ・クロイツ、すなわちビスケー湾の十字架とも称された）と呼ばれ、英国のASVMk1型超短波レーダー波を逆探知する装置。のちに、ツェーペルン、ヴァンツ、ボルクム、ナクソス、コルフ、ナクソスZM、ツニス、アトス、レロスなど波長域の異なるレーダー警戒装置が開発された。

3—15　**前方潜舵**●艦首と艦尾にある潜航と浮上用の舵。

3—16　**短波・中波**●Uボートの無線装置は短波、中波と長波を含む超長波が使用され、遠距離にある本部への通信は短波モールス信号でおこない、中波は船団信号やUボート同士の連絡、超長波は水中二六メートルでも受信可能だったので南太平洋やインド用で使用された。これらの信号受信に送信機六種（短波、長波）、受信機四種（中波、超長波）が使用された。

3—17　**エニグマ暗号機**●ドイツ軍が用いたタイプライター型の機械暗号機。陸・空軍型は換字回転ローターが三枚のM3で、海軍型は四枚を用いるM4型で、換字コンビネーションがずっと複雑だった。アルファベット文字は幾つもの電気回路を経て暗号化（二〇〇兆とおり）され五文字群となって送信される。解読は同じ機械を用いて行うが、一九四三年中期以降、英国の暗号センター・ブレッチェリー・パーク（Xステーションとも呼ばれた）でUボート暗号も解読されるようになりUボートの損害が急増した。

3—18　**航空母艦フォーミダブル**●一九四〇年五月に完成した艦隊航空母艦イラストリアス級の一艦で、基準排水量は二万八六二〇トンで姉妹艦にヴィクトリアスとイラストリアスがある。

3—19　**アルバコァ雷撃機**●フェァリー・アルバコァは複葉のソードフィッシュ雷撃機の代替機だったが、やはり複葉の旧式機で八〇〇機が生産され、空母搭載機としてUボートの哨戒と攻撃に用いられた。

3—20　**グラマン・マートレット**●米国のグラマン・ワイルドキャット艦上戦闘機が武器供与法により英国に供与され、英国は空母搭載の戦闘爆撃機として使用した。

第４章　Ｕ178と豪華客船ダッチェス・アトール

Ｕ178はブレーメンのＡＧヴェーザァ・ヴェルク造船所で二八隻建造された大型航洋艦ⅨＤ２型（注４―１）の一艦であるが、排水量は水上で一六一六トン、水中で一八〇四トンと「主力ＵボートⅦ型」の倍の大きさがあった。魚雷発射管を六門搭載して艦首の発射管は四門あり艦尾発射管は二門だった。最大航続距離は燃料四四二トンを搭載して実に四万三四〇〇キロにおよぶ長距離航海を可能にした。

Ｕ178は一九四一年十月二十八日に進水して一九四二年二月十四日に就役したが、Ｕボート艦長の中でも異色といわれたハンス・イベッケン大尉が指揮した。イベッケンが異色といわれるのは大半のＵボート艦長は二〇世紀生まれだが、彼は一九世紀末の一八九九年九月二十日の生まれで、一次大戦中の一九一八年に帝政ドイツ海軍兵学校の出身者として当時すでに年齢が四二歳になっていたからである。もう一つイベッケンはヴィルヘルムスハーフェンを基地とする第２Ｕボート戦隊本部の幹部士官の一人だったが、のちにＵボート戦のエースとなるフリッツ・レンプ、オットー・シュハルト、ハンス・イェニシュ（第２章参照）たちの

バルト海に面したシュテッテン(シュテチン)でのU178(手前)だが、その後フランスのビスケー湾沿いのロリアンに移り13隻8万7024トンを沈めた。

指導者であったということが挙げられるであろう。

大型のⅨ型Uボートは、もっぱら連合軍の弱点と見られた南アフリカやインド洋に送られて通商破壊戦を行なっていたが、四二歳の艦長に率いられたU178も五七名の乗員とともに、一九四二年九月八日にキールを出航して南大西洋に最初の哨戒作戦に出撃した。無論、英海軍省の潜水艦追跡室は同年九月にこの方面へUボートが出撃していることを承知していたが、当時、英海軍は爆雷を搭載するトロール漁船から転換した対Uボート船の数が充分になく、この方面でのUボート駆逐作戦を展開できなかったのである。十月八日の夕刻にU179（注4―2）がケープタウン西南西で六五五八トンのシティ・オブ・アテネを撃沈したが、U179もまた英駆逐艦アクティブの爆雷攻撃によって沈没した。それから三六時間後の十月十日、U178が中央大西洋アセンション諸島東北東において攻撃した船は、イベッケン艦長と乗員にとって素晴らしい獲物となった。

42歳の「年配艦長」ハンス・イベッケン大尉（左端）。アフリカ沖で大きな獲物、元豪華船ダッチェス・アトールを沈めた。

一九四二年十月二十日、かつての豪華客船二万一一九トンのダッチェス・アトールが南アフリカのケープタウンを出航し、中央大西洋を英国に向けて一七ノットの速度でUボートを警戒しながらジグザグ航行をしていた。午前六時二十分に日がのぼり、それから一五分後に突然ダッチェス・アトールの左舷中央エンジン室付近に魚雷が命中した。船内の全ての灯りが消えると船の速度がすぐに落ちて停止した。通信室は潜水艦攻撃を示す「SSS（注4—3）」連送緊急電を発信するが通信手は受信確認をしている余裕がなかった。

六時五十分にダッチェス・アトールの機関長はエンジン室が浸水して手がつけられないと報告してきたが、そのとき、二発目の魚雷が左舷の同じ場所に命中して爆発し、船長はついに「総員退去」を命じた。乗員と乗客はそれまで幾度も退船訓練を繰り返

2万119トンの豪華ライナーだったダッチェス・アトール。
英国へ向かう途中、U178に3発の魚雷により沈められた。

していたおかげでパニックになることはなく、すぐに順序良く女性と子供が先に救命艇に乗せられた。七時二十五分に三発目の魚雷が今度は右舷側で爆発したが船は大きく傾斜することなく、破損のない救命艇による乗員乗客の脱出作業は順調に進んだ。七時四十五分に船長は機密書類に錘を付けて舷側から海中に投棄した。ダッチェス・アトールの船上では三隻の救命艇が破壊されてしまい、海上に浮かべられたモーターボートも損傷し、もう一隻のモーターボートも機関部が破損していたので放棄された。海上の状態は中程度の波高で南西の貿易風が吹き、曇り空で弱いスコールが降る天候は翌日まで続いていたが、やがて、翌朝八時三十分に救助船が現場海域に到着して生存者の全てを救出した。ダッチェス・アトールは三発もの魚雷命中を受けながら、行方不明になったのは機関員四名だけだったのは不幸中の幸いであったといえる。

U178は大戦中に一三隻八万七〇二四トンを沈めた殊勲艦の一隻であるが、なかでもこのダッチェス・アトールがもっとも大きな獲物となった。

それから二〇日間ほど喜望峰付近を哨戒してからインド洋へと入り、十一月一日にモザンビーク（アフリカ大陸沿岸でインド洋を挟み対岸はマダガスカル島）の南方に到着して攻撃目標を探し、この日の午後にインド洋ダーバン沖で八二三三トンの英船メンドーサを発見すると魚雷をもって撃沈した。

Uボートに沈められ救命艇で漂流中に救助された乗員たち。

メンドーサの一等航海士が残した日誌にその時の様子が記されている。

「一九四二年十一月一日の午後三時三十分に私は右舷デッキ上にいたが、突然、轟音と目も眩むような閃光を伴った巨大な爆発が船尾に起こった。これは魚雷が船尾付近右舷の操舵装置のあるあたりに命中したもので、私はすぐに機関室に走ったが、すでにブリッジからの指示で両舷エンジンは停止していた。また、右舷側の各種パイプ類が破壊されたほか潤滑油パイプも破損し、これらのパイプ類から大量の海水が船内に流入していた。私は海水の流入を止めようと必死になって各種の弁を次々と閉じると、次にビルジ（船底）にある排水ポンプを作動させて排水に努めた。それに先立ち船長は損害の程度を調べるために船尾に行き推進器と操舵装置がやられた致命的な状況を知り、すぐにエンジン室に機関停止と脱出を指示したので機関員は脱出することができた。私は右舷デッキに上がって左舷側の救命艇を海上に降ろすように船長に大声で要請した。そのときに二発目の魚雷が突進してくるのを見た！

私はとっさに反対側の舷側へと夢中で走ったが、辿り着く前に魚雷が右舷の船腹に命中して火炎と巨大な黒煙が右舷一杯に広がった。最初の魚雷は船体中央右舷やや前方に命中して爆発がほぼ同時に二回起こった。一回目は魚雷の爆発であり、二回目は燃料タンクの爆発が同時に起こったものと思う。船上にはもう救命艇はなく舷側から小さなゴムボートを海中に投げ込み、続いて、船長、二等機関士、船医、そして私が海に飛び込み泳いでゴムボートにたどりつくことができた。

被雷した直後に発した「ＳＳＳ『潜水艦攻撃！』」の救援信号によって、上空に現われた哨戒機が洋上に漂う我々を確認したという信号を送って去っていった。船長は漂流ボートを一ヵ所に集めて指揮をとり、南アフリカのダーバン港に向けてできるだけ進むことになった。我々は翌朝の夜明けに爆薬を搭載して航行していた米船ケープ・アラバによって救助されたが、このとき、メンドーサの船長は疲れ切っていて、救助の縄ばしごをつかむ力もなく海中に落下し、ついで船尾から投げられたロープに一旦はつかまったものの不幸にもついに力尽きて海中に沈んでしまった」

Ｕ178のイベッケン艦長は一九四二年十一月十一日に、Ｕボート戦隊本部に宛てた報告電文で、撃沈した船はラウレンティックだと報告したが、この船は二年前にオットー・クレッチマーが沈めた船と同じであり、デーニッツのUボート艦隊本部（BdU）はイベッケンの獲物が全く異なる船であることをすでに理解していた。さらに、イベッケンはもう一つ重要な情報を寄せてきた。それによれば、これまでインド洋作戦はUボートと燃料を供給する補給艦にとって、ほとんど脅威となるものはなかったが、連合軍の海空勢力が次第に増強されて頻繁な哨戒が行なわれるようになっていると警告していた。これにより、Uボート艦隊本部は南大西洋における作戦の練り直しを迫られることになったのである。

U178の次の攻撃は十一月四日の昼間、大胆にもアフリカ大陸の沿岸部に近い場所で行なわれた。この日、ギリシャ船のフェーン・ロモニがマルキス港（モザンビークのマプート）を出航するとすぐに少し離れた海域で、二五六一トンのノルウェー船ハイヒンがUボートの魚雷攻撃を受けているのが見えた。浮上雷撃したのはU178であるがフェーン・ロモニからはまだ四・八キロほどあったが搭載火砲でUボートを砲撃したのちにフェーン・ロモニはマルキス港に引き返していった。このノルウェー船ハイヒンは十月二十日にボンベイ（インドのムンバイ）からダーバンに向かう途中でマルキスに目的地が変更され、一二ノットで航行中港を目前にして魚雷攻撃を右舷に受けてたった二分間で沈没したのである。そのために船長と二四名の乗員が犠牲になり、海上で泳ぐ数名の船員はマルキス港からきたタグボートにより救助された。

U178はそれから三時間後に五二五四トンの英船トレキエフを攻撃した。この船は十月二十七日にセイシェル（インド洋西部）を出てダーバンを経由して英国に向かっていたが、途中でマルキス港に向かうように指示を受けていた。このとき海上には軽い風波があったが魚雷を受けたトレキエフの乗員は比較的冷静であり、浸水によって船の甲板が海水に洗われるようになってから脱出したが、のちに魚雷の爆発で三名が行方不明になったことが分かった。

この魚雷攻撃の二五分後にU178は浮上して東方へ進み、十一月十三日の金曜日に三七六四トンの石炭船ルイス・モーラーを発見した。この船は十一月一日にダーバンで石炭を満載したのち、ダーバン南東四八〇キロにあるモンバサ（ケニヤ）に向けて航行中、午前六時二十分に魚雷が右舷艦橋下で爆発した。石炭船は停止したがブリッジ下方に大きな亀裂ができたため急速に浸水して五分以内に沈没した。船長は魚雷命中時にブリッジを離れて船長室に入ったところだったが、爆発の衝撃によってすぐにブリッジにもどると「船を捨てて脱出せよ」と乗員に命じ、自分も二等航海士とともに海に飛び込んだ。

このとき船長は爆発によって捲れあがった鋼板に当たって額に負傷したが水中を泳ぐうちにゴムゴートに救われた。船の中央部には二隻の救命艇が備えてあったが、爆発で右舷側のボートは海中に転落し、船尾の救命艇は空中に吹き飛び、船首にあった救命艇だけが海中に浮かんでいた。このとき、左舷側の一隻の救命艇がダビット（ボートの吊り柱）に引っかかったままになっていて、インド人乗員たちがこの救命艇に殺到してよじ登り艇内に座っていた。一等航海士が協力して救命艇を海上に降ろすように説得したが彼らは動かず、やむなく商船士官たちと機関員の手で降ろそうと努力したが救命艇は途中で壊れてしまった。残った右舷側の一隻の救命艇は綱を切られて海上に落下して浮かんでいたが、これはほとんど損傷がなかった。そこで、船に残った乗員たちはこの艇に乗り、海上に浮かんでいたもう一隻の救命艇へ向かって漕ぎだした。ここでU178が浮上すると救命艇に接近してきて、乗員に船名と積荷、そして、どこからどこへ向かっていたのか、船長は誰かなど幾つかを聞いてきた。
他方、Uボートの艦橋では哨戒員が倍率の高い大型双眼鏡を用いて付近を捜し、泳いでいる乗員を発見するとゴムボートを出してひとりひとり救出した。Uボートの艦長は顎鬚を生やした年配の人物で流暢な英語を操っていたが、やがて一時間ほど後にUボートは去っていった。乗員たちは二隻の救命艇に分乗していたが、一隻は四日後に英駆逐艦ダグラスに救助されてダーバンに上陸し、さらに一週間後に船長の乗った救命艇も救助されてロンドンへ送還された。

アフリカ海域で救命艇の側に寄り船名等を訊ねるUボート。

この攻撃の二日後、一九四二年十一月十五日にU178は六三四八トンの英船アドバイザーを攻撃するが失敗してしまった。この船はダーバンで黒鉛二〇〇〇トンを搭載してニューヨークへ向かっていたが、この付近でUボートが活動しているという警告を受けることなく午前一時に暗夜の中を航海していた。海上は比較的穏やかなうねりと北東の風、風力は四だった。このとき、だれにも見えない魚雷がアドバイザーの左舷で激しい爆発を起こすと高い水柱が立ち昇った。船上にあったデリック、ハッチ、梁といったものが一気に破壊されて倒壊し、左舷の船腹が裂けて水線下に大きな穴が開いた。もはや沈没は時間の問題となり、船長はエンジンを停止して船からの脱出を命じた。そして、船外にぶらぶらと吊り下がる四隻の救命艇全部を海に降ろして全員退去できたのは午前一時二分のことだった。

海上に浮かんだ救命艇は夜が明けるまでまだ沈没しないアドバイザー付近の海域を漂っていたが、船は船首を下にして沈みかけ推進器は半分海上に突出し、船体の鋼板が圧力を受けて剝がれる衝撃でリベット（鋲）が飛び散り救命艇にまで飛んできた。夜が明けるとまだ海上に浮かんでいたアドバイザーに修理工や無線士がもどって状況を調べると、船首部と第一区画は完全に浸水し、第二区画の浸水は一・五メートルとなり第三区画は一・二メートルだった。

アドバイザーの無線室は無事であり無線手によって遭難信号が発せられ、船の位置は陸上基地で確認され無線士は救命艇の乗員に救助がくることを知らせたのである。そこで、午前十一時五分に船長と機関員がアドバイザーにもどってエンジンを動かし搭載機銃の射手も配置についた。そして、右舷にあった救命艇は手動クレーンで再び船上に巻き上げられ、もう一隻は緊急時のために海上に残された。この日の正午になると商船暗号電報が入り、コルベット艦とタグボートがすぐに救助に向かうことと強風警報が併せて発せられた。悪天候は北風を吹かせて海は荒れ始め、大波がうねって沈没寸前のアドバイザーには悪条件が重なった。この日の夜中に早くもコルベット艦が接近してアドバイザーの無線室との間で通信が交わされ、最後に残っていた救命艇も夜明けには船上に引き揚げられた。やがてタグボートが到着すると牽引準備がなされ、強風と悪天候の中で必死の牽引が行なわれ、十一月十九日にダーバン港にやっとたどりつくことができたのだった。そして、アドバイザーはダーバンで九ヵ月にもおよぶ大修理のすえ再び航海が可能となったのである。

ハンス・イベッケンはアドバイザー襲撃について船体中央部に二発の魚雷を命中させたが、上空に哨戒機を認めたために完全に沈没するのを確認することなく現場海域を離れていった。搭載魚雷は少なくなり、艦内はいつ帰投するのかという話題が人気を博していた。IX型の艦内居住条件はVII型に比べればずっと余裕があり、さらに魚雷を発射してしまうと艦内はさらに広くなった。U178はアドバイザーの攻撃一週間後に貨物船を二発の魚雷で攻撃するが、これは全て逸れてしまった。そして一九四二年十一月二十六日に「この五日間全く目標を発見せず」とロリアンの第10Uボート戦隊本部に打電した。が、その翌日に喜望峰の南方で護衛艦がつかずに単船航行する英船を発見した。これは七一七六トンのイェレミア・ウォズウォースで米国のニューオーリンズからインドのボンベイに向かう船だったが、U178の発射した魚雷が三〇秒間隔で命中した。

Uボートに攻撃されて猛烈な煙を上げる重油搭載タンカー。

　この日、英船イェレミア・ウォズウォースはUボートを警戒して喜望峰付近をジグザグで航行中に最初の魚雷が右舷艦橋前方の第三ハッチ付近に、二発目も同じく右舷の第五ハッチあたりに命中した。そして一〇分後には三発目が右舷ブリッジ下に命中し四発目は逸れていった。すぐに船に搭載されていた機関砲が魚雷の発射されたと思われる方角に向かってあわただしく発射された。しだいに船の浸水がひどくなったが船のエンジンはまだ停止していなかった。

このときU178が浮上すると船首部に近づき、メガホンを用いて乗員に船の名と排水量のほか、どこから来てどこへ行くのかを訊ねた。

イェレミア・ウォズウースに乗船していた米海軍士官がのちにこう語っている。

「Uボートに攻撃された我々は午後三時四十七分にSOSの緊急信号と位置が打電された。魚雷命中後は救命艇に乗り、損傷したほかの救命艇から食料や水を回収して四〇日間の漂流に耐えられる準備ができた。最初は他のボートを牽引しながら八日間ほど漂流したが、やがて波が高く雨が降り、海上が荒れた日に我々は救助された」

U178は一発の魚雷を残すのみとなり、一九四二年の最終月となる十二月八日に五〇〇〇トン級の貨物船を雷撃したが、この最後の一発は円を描いて航走する欠陥魚雷だった。続いて十二月十六日に中部大西洋で二隻の大型商船を発見するがもはや魚雷は一発もなく、ハンス・イベッケン艦長はイェレミア・ウォズウースの雷撃に、四発もの魚雷を使ってしまったことを悔やんだがもはや遅かった。それから一週間後にU178は平文で乗員の故郷へのクリスマスの挨拶を発信したが、これはフリータウン（アフリカのシェラレオーネの首都）にある無線局によって傍受され、英海軍にUボートの位置を特定されてしまった。

U178はこの長期哨戒作戦で五万八〇〇〇トンを沈めて乗員一同はこの戦果を祝った。一九世紀生まれで四二歳の年配艦長がインド洋、南大西洋、そして北大西洋を越えてビスケー湾を通過してフランスのボルドー基地に辿り着いたのは、一九四三年一月九日であり実に一二三日間もの長期にわたる哨戒作戦であった。

この航海を最後としてハンス・イベッケン艦長は、一九四三年二月にミュルヴィックの魚雷学校に転じたためにＵ178を離れることになった。その後イベッケン少佐は魚雷学校の運営幹部士官となり、大戦末期の一九四五年三月までそこで過ごし、それからドイツ敗戦までの最後の二ヵ月間はシュレスビッヒ・ホルシュタイン（キール付近）カッペルンの海軍防衛部隊長を務めていたが敗戦により英軍の捕虜となった。

一九世紀の艦長の話はここで終わるが、Ｕ178がその後どうなったかを記しておこう。イベッケン少佐の後任にはヴィルヘルム・ドーメス少佐が一九四三年三月に赴任した。ドーメスは一九〇七年四月に西プロシャ・バッハベルグの富裕な農場主の家系に生まれ、一九三一年に海軍兵学校を卒業して一九四一年四月にＵ431（注４―４）の艦長からＵ178の艦長となり、同年十一月まで八ヵ月間艦長を務めたが当時すでに三六歳でありＵボート艦長の中では決して若くはなかった。ドーメスはＵ431の艦長時代に大西洋のＵボート戦で欠陥魚雷に悩まされながら、オランダの駆逐艦アイザック・スヴェアースとマーチンを地中海で撃沈したほか、英空母フューリアス（注４―５）を四発の魚雷を発射して攻撃したが不運にも命中させることができなかった。しかし、最終的に一二隻五万七六五トンを撃沈して一九四二年十二月二日に騎士十字章を受章したＵボート戦のエースの一人となった。

U178の２代目艦長ヴィルヘルム・ドーメス少佐。12隻５万765トンを沈め騎士十字章を受章。

さて、U178は完全な再装備を行なったのちに短い試験航海を経て、一九四三年三月二十八日に二回目の長期哨戒作戦を南アフリカ沖とインド洋で行なうためにフランスのボルドーを出航していった。南回り航路により二ヵ月間をかけて目的地に到着し、六月一日の午前中にケープタウンとダーバンの間で船団攻撃を開始して多数の船舶を撃沈した。最初の獲物は六五八六トンのオランダ船サラバンカで魚雷を命中させたが沈没せず、U178はこれを捕獲牽引しようと試みたが途中で沈没してしまった。

六月二十二日にはモーリシャス島南九六〇キロで補給艦シャルロッテ・シールマン（注4−6）から燃料の補給を受け、七月四日にダーバンを出た船団の落伍船で二六五九トンのノルウェー船ブレイビケンを雷撃で沈め、それから四時間後の午後六時三十分に四七七四トンのギリシャ船ミハエル・リヴァノスを魚雷で沈めた。一週間後の七月十一日にはこの船の姉妹船で四七七四トンのマリー・リヴァノスをモザンビーク沖で魚雷によって撃沈し、七月十三日の夜には七一九一トンの米船ロバート・バーコンを同じ海域において雷撃で轟沈させ、さらに七月十六日にはモザンビーク沖で六六九二トンの英船シティ・オブ・カントンを魚雷で仕留めた。この獲物を最後としてU178は極東へと航海を続け八月二十九日には日本軍占領下だったマレーシアの美しい港ペナンに入港し、ここで三ヵ月を過ごしたがドーメス少佐は第33Uボート戦隊勤務に移動となった。
　インド洋やオーストラリア海域で活動するUボート（グルッペ・モンズン＝モンスーン戦闘団＝注4—7）にとって、この海域はドイツからあまりにも離れていて兵站（補給）上の問題で悩まされていた。インド洋作戦では一九四三年から四四年まで日独作戦協定によってペナン、バタビヤ（ジャカルタ）、シンガポールが乗員の休養と小規模修理基地として利用されたが、魚雷や燃料の補給にはもっぱら補給艦が用いられた。しかし一九四三年十月になると英空軍はペナン港の周囲に機雷を多数ばらまく作戦を行ない、航行が危険となったので全てのUボートに帰還命令が発せられた。艦長だったドーメス少佐はUボート連絡士官として東京に向かい、三人目の艦長には副長だったヴィルヘルム・シュパール大尉が昇進した。シュパール大尉は一九〇四年シュレスビッヒのエジゲン生まれで当時すでに三九歳という年齢であり、奇妙なことにU178は四〇歳前後の三人の艦長に指揮された珍しい艦となった。

ヴィルヘルム・シュパール大尉が3代目の艦長となったがU178での戦果は、1隻だけだった。

　シュパールは有名な「スカパ・フローの雄牛」ことギュンター・プリーン大尉のU47に一九三八年十二月から乗艦して、一九四〇年二月まで一年二ヵ月もプリーンと一緒に哨戒作戦を行ない、戦艦ロイヤル・オークをはじめ多数の船を撃沈した経験をもつ優秀なUボート乗りだった。U178は新艦長に率いられて一九四三年十一月二十七日にペナンを出航すると、四週間後のクリスマスには南インド方面に進出して、十二月二十七日に七二四四トンの米船ホセ・ナバロをインド南西で撃沈するが、これがシュパールのU178による唯一の戦果であった。しかし、同海域で過去四ヵ月間に沈めた船はたった三隻しかなかったため、Uボート艦隊司令部はこの戦果を非常に喜んだのである。

年が改まり大戦後半の一九四四年一月二十八日にモーリシャス（インド洋西端部の共和国）の南東一六〇〇キロで補給艦シャルロッテ・シールマンから燃料補給を受け、同日、同じ海域で活動中のU532（注4―8）に急遽、燃料を分配した。そして、再び二月十一日にシャルロッテ・シールマンから燃料の補給を受けて活動を続行していたが、このころ、英軍は植民地を連携させて世界規模の哨戒網を構築し、併せて新型電波兵器を開発することでUボートの動きを厳重に警戒していた。そのような状況下でモーリシャスを基地とするカタリナ飛行艇（注4―9）にU178は発見された。そして現場海域には駆逐艦レレントレスが現われたため、付近にいた補給艦シャルロッテ・シールマンは捕獲を恐れて自沈してしまい、おりから補給を求めて同海域にきていたU532が補給艦の乗員を救助したのである。

補給艦を失ったためU178はUIT22（旧イタリア潜水艦・注4―10）に、ケープタウン南方九六〇キロにおいて燃料を分割して提供するよう命令が出た。そこで、一九四四年三月八日にU178はUIT22との合流地点に向かったが、ポート・エリザベス（南アフリカ南部インド洋アルゴーァ湾）南方五六〇キロで南ア空軍のベンチュラ機（注4―11）に攻撃され、五発の空中爆雷を投下されたが、間一髪、急速潜航が間に合って無傷であった。U178はUIT22との会同場所に急行したが、UIT22は三月十一日の朝にカタリナ飛行艇の爆雷攻撃で撃沈されてしまい、U178が会同予定の一五時間後になって到着したが海上には油の輪だけが残されていた。

U178にフランスへの帰投命令が出て、ボルドーに到着したのは一八〇日間の航海を終えた一九四四年五月二十五日であった。欧州戦線はその二週間後の一九四四年六月六日に連合軍によるノルマンディ上陸戦が行なわれて劇的な変化を見せることになる。

アフリカ沿岸とインド洋で、Uボートに燃料や食量品などを供給する補給艦として活動したシャルロッテ・シールマン。

フランスの戦場で連合軍とドイツ軍が死闘を演じている間、U178はボルドーのドックに係留されていたが、八月中旬になると連合軍の先鋒部隊がボルドーに迫った。英空軍は八月十八日に六四機のランカスター爆撃機（注4―12）によってボルドーのUボートの備蓄倉庫を爆撃し、夜間には艦船の脱出を阻止するためにビスケー湾沿いの港湾基地の入り口に機雷多数を投下していった。

これらの差し迫った戦況のために第12Uボート戦隊は解隊されて撤退が始まり、U178とU188（注4―13）はボルドーから出航することができずに自沈してしまったのである。

4―1 **大型航洋艦IXD2型**●IX型は一九六隻建造され、派生型は七種あった。IXA型は八隻、IXB型一四隻、IXC型一四一隻、IXD型三三隻だった。また、IXD2型は排水量（水上）一六一六トン／（水中）一八〇八トンで、二八隻建造されたが長期任務に耐えるよう居住区が改善されていた。

4―2 **U179（IXD2型）**●一九四二年三月七日就役。エルンスト・ゾーベ少佐が艦長で一隻六五五八トンを撃沈。一九四二年十月八日に南アのケープタウン西北西で英駆逐艦に撃沈された。

4―3 **SSS**●連合軍輸送船のUボート攻撃を示す連送符号。ちなみにRRR連送は水上艦艇攻撃を示した。

4―4 **U431（VIIC型）**●一九四一年四月五日就役。艦長はヴィルヘルム・ドーメス大尉とディートリッヒ・ショネーブム中尉で八隻撃沈一隻損傷。ほかに駆逐艦二隻を沈めた。一九四三年十月二十一日、スペイン・カルタヘナ（地中海）北西で英機により撃沈。

4―5 **空母フューリアス**●一次大戦時の軽巡洋戦艦を一九二五年に空母に転換したもので基準排水量は二万二四五〇トン。

4―6 **シャルロッテ・シールマン**●IX型は最長五万八〇〇〇キロの航続距離があったが、四～六ヵ月にわたる長期哨戒作戦では燃料が不足し、その補給のためにインド洋に配置された数隻の補給艦の一隻だった。

4―7 **グルッペ・モンズン**●一九四二年末に南インド洋に派遣された九隻（IXCとIXD型）で編成されたUボート戦闘団の名称。

4―8　**U532（IXC40型）**●一九四二年十一月十一日就役。艦長はオットー・ハインリッヒ・ユンカー中佐で八隻四万六八九五トンを撃沈し二隻損傷。敗戦後一九四五年十二月九日、英国に接収されたのち北海で沈められた。

4―9　**カタリナ飛行艇**●コンソリデーテッド・カタリナは、大戦初期に英国が米国から購入した双発飛行艇だが、沿岸航空隊に装備されて六五〇〇キロメートルという長い航続距離を生かして海上哨戒任務で活躍した。

4―10　**UIT22**●旧イタリア潜水艦アルピノ・バグノリーニで一九四三年十月十一日にドイツ艦籍に入って極東に向かったが、一九四四年三月十一日にケープタウン南方にて航空攻撃で沈没。

4―11　**ベンチュラ機**●ロッキード・ベンチュラは一九四一年から米国の武器貸与法で英国に供与された双発機であり、主に沿岸航空隊に配備して海上哨戒を行なったほか気象調査機としても利用した。

4―12　**アブロ・ランカスター爆撃機**●ドイツを凌駕した四発爆撃機で生産数七四〇〇機。大戦後半に戦略爆撃によりドイツの諸都市、軍港、Uボートのブンカーなどを壊滅させた立役者。

4―13　**U188（IXC40型）**●一九四二年八月五日就役。艦長はジークフリート・ルーデン大尉で一五隻四万九七二五トンを撃沈し一隻損傷。ほかに駆逐艦を沈めた。一九四四年八月二十日にボルドーで自沈。

第5章　U172と船員プーム・リムの漂流一三〇日

Uボート艦長の一人にカール・エンマーマン大尉がいる。彼はU172を指揮して、二年間に二七隻一五万二六五六トンを沈めてUボート戦一三番目のエースとなった人物である。エンマーマンは一次大戦中の一九一五年にハンブルグで生まれて一九三四年に海軍兵学校を卒業した。その後、一九四〇年十一月から四一年八月まで旧トルコ艦として建造されたUAの副長を務め、一九四一年十一月からU172の初代艦長となった。U172は大型のIXC型だがブレーメンのAGヴェーザァ造船所で一九四一年八月五日に進水し、同年十一月に就役した艦だった。エンマーマン大尉の着任から一ヵ月遅れてヘルマン・ホフマン中尉が副長として赴任したシュテッテン（シュチェチン＝ポーランド北西部バルト沿岸オーデル河口）の第4Uボート戦隊に配備されて厳しい訓練が行なわれた。

一九四二年四月二十二日、初航海はキールを出航して一一日間の試験航海を行ないながら、五月三日にフランス・ロリアンのスコーフ河口に本部を置く第10Uボート戦隊の一艦となった。五月十一日にロリアンを出てビスケー湾を通過し中南米のカリブ海に向かい、途中、五

完成引き渡し時のU172（大型のIX C型）で、前甲板には搭載した10.5センチ砲が見える。

月二十七日に中央大西洋で八九四〇トンの英タンカー・アセル・ナイトを魚雷と甲板砲により撃沈した。

ついで六月三日にカリブ海への入り口であるモナ海峡で、五四四七トンの米船イリノイをプエルトリコ北東において魚雷で沈めたが、Uボート艦隊司令官のデーニッツが予想したとおりこの海域はUボートにとって素晴らしい狩場となった。

翌六月五日に三四八〇トンの米船デルフィナをプエルトリコ北方にて雷撃で撃沈し、六月八日には一六五四トンと小型の米船シシリアンに魚雷を発射して沈め、六月十四日の朝には八二八九トンの米船レボレを魚雷で沈没させた。さらに翌六月十五日には二四三八トンのノルウェー船ベネストベットをコスタリカ東方沖で沈め、パナマの北西では一九五八トンの米タンカー・モトレックスを発見して浮上するや八八ミリ甲板砲をもって砲撃し沈没させた。

U172の「狩り」はまだ続き、六月二十三日に三五トンのコロンビヤの帆船レゾリュートをロンカドール・ケイ（バハマ）南西において砲撃で沈めた。だが、魚雷を使い果たしたU172

は七月初旬に帰途につくことになったが、途中バーミュダ南東で八三七九トンの米船サンタ・リタを魚雷と砲撃で海底に送り、商船士官を尋問のために捕虜としてドイツに連れていったが、この撃沈が本哨戒作戦の九隻目となった。哨戒作戦を終えたU172は九隻四万トン撃沈の戦果を誇るように、九つの小旗（ペナント）を艦橋に翻しながら三週間をかけてロリアンにもどったのは一九四二年七月二十一日のことだった。

乗員は一ヵ月間、陸上で充分に休養をとると、再び一九四二年八月十九日に南大西洋へ長い航海に出てもどるのは実に四ヵ月後の十二月二十七日となるのである。この時期にフランスの基地から一緒に出撃したのは大型艦ⅨC型のU68、U504、U156（注5－1）で、これらの艦はアイスベァ（北極熊）戦闘団を構成し目的地はアフリカ大陸沿岸の南ア方面だった。

U172の艦長カール・エンマーマン。27隻15万2904トンを撃沈し、騎士十字章と柏葉騎士十字章を受章した。

そして、このような長期作戦には燃料と必需品の補給が不可欠となり、「XⅣ型＝ミルヒクー＝乳牛」と呼ばれた補給艦U459（注5－2）がケープタウン沖に配置されていた。

Uボート艦隊司令部（BdU）からは航行する商船全てを撃沈してもよしとする許可が与えられ、U172は十月五日に「乳牛」から洋上給油を受けてケープタウン沖に到着し、哨戒を開始す

積荷や目的地などを尋問するため、救命艇から乗員をUボートへ移乗させているが、これは大戦初期の余裕のある時期に行なわれた。

るが、付近の海域に獲物は発見されなかった。そこでエンマーマン艦長は司令部に行動の自由を要請して哨戒海域を広げ、十月七日にケープタウン南西沖で六二〇〇トンの米船チッカソウ・シティを発見して二発の魚雷で沈没させた。U172は沈没後に付近の海上で船長が乗る救命艇の側へ行き、例によって船の名、目的地、積荷を訊ね、乗員の一人をU172の艦内に呼んで尋問して幾つかの情報を得た。ついでU172の艦長が茶色のノートブックを持って現われると、チッカソウ・シティの船長に重ねて積荷の内容を尋ねた。しかし、船長は船の積荷はなくバラストのみだと答えた。

　このときU172を見た米船の乗員は「Uボートの艦長と乗員は皆驚くほど若くて、カーキ色の制服をきちんと着用し、艦長は大尉の肩章をつけ副長は顎鬚を蓄え、Uボートには錆びはなく良い状態に見えた」と述べている。全長七六・八メートルもある大きなUボートが浮上した時はまるで鯨のようであり、漂流乗員に強烈な印象を与えたことは容易に想像できる。魚雷の爆発によりチッカソウ・シティの乗員七名が犠牲となり、ほかの乗員四二名は洋上の救命艇数隻に分乗していたが、彼らは翌日、フラワー級コルベット艦ロックローズに救助された。

　この日の夕刻に四七〇〇トンのパナマ船ファイアソーンがU172の発射した二発の魚雷を左舷に受けて沈没した。やがて浮上したU172は生存者の乗る救命艇に接近すると、一等航海士を探し出して幾つかの質問を浴びせた。一等航海士が要領を得ない返答をしているうちに、急いでいたせいかそれ以上の追及をしなかった。このとき、生存乗員の中に銃手を務めた米海軍の予備士官が混じっていて、彼は六八メートルほど離れた距離からUボートをじっくり観察し、艦橋側面の青い背景の上に白い王冠を被った人物が描かれたマークが見られ、船体の錆びはわずかであったと後に述べている。ファイアソーンには乗員五九名が乗り組んでいて、うち二一名が南ア海軍のトロール船に救助され、残りの二七名はコルベット艦ロックローズに救助された。

　さらに十月八日の朝に、同じ海域で三八四五トンのギリシャ船パンテリスが沈められた。この船は前日に南アのケープタウンを出て南米のブエノスアイレスに向かっていたが、U172の発射した魚雷二発が命中爆発してたった二分間で沈没し、二日後に生存者を探したが乗員二八名全員が船と運命をともにした。しかし、この日、U172は南ア海軍の哨戒機と海上パ

U172の10.5センチ甲板砲が大きくクローズアップされているが、艦橋の側面には「王冠を被った人物」が描かれていた。

トロール船に発見され、八時間にわたり爆雷攻撃を受けて損傷を受けるが逃げることができた。そして、十月十日にケープタウンの北西一六二キロで巨大な兵員輸送船オーカデスを発見したのである。このオーカデスは英国のヴィッカース造船所で建造した二万三四五六トンの、もとオリエント・ラインに就航していた豪華客船であり、このとき一〇六七名の乗員と乗客を乗せたほかに二〇〇〇袋の郵便、および三〇〇〇トンの一般貨物を船内に搭載してケープタウンから米国に向かい航行中だった。折から、付近の海域にいたメールテン艦長のU68とヴィッテ艦長のU159が沈めようと狙っていたが逃してしまった船だった。

オーカデスの船長はこう回想している。

「私はケープタウンを出港する前に船舶管理局を訪れて米国に向かう航路の指示を得た。そのときの幾つかの情報によれば、南ア沿岸の四八〇キロ沖合においてUボートが浮上砲撃や魚雷攻撃を頻繁に行なっているというものだった。そこで、雷撃位置を地図に重ねてみると本船の航路が危険海域を通過することが分かったが、英海軍船団担当のある大佐は『心配はない予定された航路で順調に航海できるであろう』と私に向かって言った。そこで私の船は一九四二年十月九日午後三時三十分にケープタウンから出航して指示航路を進み、途中で護衛艦へクラとすれ違いながら交換信号を交わした。このとき護衛艦へクラは、貴船の航路上で三隻が雷撃されているが、誰が貴船の航路を決定し許可したのかと聞いてきた。そこで本船は危険な航路を行くように指示され選択肢はないと答えた。その後十月十日の朝まで何事もなく航海を続けていたが、途中で悪天候と酷いスコールに遭遇して視界はわずか三・六キロ程度しかなかった。南西の風、風力は七で海は荒れ、海上の大きなうねりの中を一五ノットの速力で西方に進んでいたが、午前十一時二十三分に突然本船に二本の魚雷が命中して爆発した」

船長の回想が続く。

「本船には多数の見張員を動員していたが、悪天候のためにだれも魚雷の雷跡を発見することができず、最初の魚雷は左舷の第一と第二区画の間に命中したが、爆発による巨大な水柱や火炎の噴出は見られなかった。最初の爆発の一分ほどのちに二発目が左舷後部第六区画付近で爆発した。同様にこの爆発も水柱を吹き上げることはなかったが本船の操舵装置は使用不能になった。私は緊急避難警告を発して全ての乗員に船を脱出する準備を指示した。しかし、まだ右舷エンジンは動いていて船は五ノットの速度で進んでいたが、午前十一時三十分に三発目の魚雷が船体中央部に命中した。船尾の第六区画が大きく浸水し多数のハッチが吹き飛んで、甲板上に積んでいた果物やオレンジの大きな木箱が海中にごろごろと転がり落ち、デッキの下数メートルにまで海水が迫っていた。

三発目の魚雷が爆発したのち、すぐに全ての乗客と乗員をできるだけ早く脱出させることに努力を集中し、全部で二二隻の救命艇を右舷側から海上に降ろして移乗させることができた。このときオーカデスはすでに船首が下がり大きな波のうねりの中に浮かび、二基の右舷エンジンと追い風により進んでいた。私は時の経過とともに、もしかすると船を救うことができるかも知れないと思い始め、五二名の残った乗員が操舵装置の故障を修理しようと懸命の努力を払った。だが、午後二時二十分に四発目の魚雷が命中し、さらに少し遅れて二発の魚雷が続いた。これによってオーカデスは右舷を下にして急速に沈みはじめ、私は残った乗員に退去を命ずると彼らは救命艇に乗って急いで船を離れたが、その直後の二時三十分にオーカデスは沈んだ。船から最後に脱出した乗員は四隻の救命艇に分乗していたが、巨大な船が沈没する際の渦に引き寄せられて危ない思いをしたものの、残骸の漂う波間で集合し乗員たちは漂流に備えて海上に漂うオレンジの箱を懸命に回収した。午後三時三十分ころ航空機が三二キロほどの地点に見えたが我々の救命艇に気がついた様子がなかったので、救命艇に遭難を示す黄色の旗が取り付けられた。

深夜少し前に暗夜の中で赤い信号弾が上がるのが見えて我々はその方角に向けて進んだ。その船はポーランドの商船ナルビクで先に脱出させた乗員乗客の多くを救出していたが、我々の乗った四隻の救命艇はオーカデスの沈没から一〇時間半たった午前零時四十五分に救助され、機雷除去のすんだ航路を誘導されてケープタウンに戻ったのは十月十二日のことだった。結果的に乗員三二六名中二三名を失い乗客七四一名中二三名が行方不明となったが、乗員の犠牲者は爆発時エンジン・ルームにいた機関員たちだった」

この雷撃ののちにU172は西方沿岸部に向かい貨物船を発見して二発の魚雷を発射するがこれは逸れてしまい、搭載した二二発の魚雷のうち一八発を使用し残りは四発になっていた。このころになると付近の海域には哨戒機が頻繁に現われるようになり、船の往来が止められたと感じたエンマーマン艦長は、十月二十五日に、Uボート戦隊司令部に「航路に船は全く見えない」と打電した。しかし、一週間後の十月三一日に四八九一トンの英船アーデイントン・コートを、ケープタウンの西南西二二四〇キロの地点で発見して魚雷をもって沈没さ

U172に撃沈された2万3456トンのオリエント・ラインの客船オーカデス。

せた。この船に乗っていた航海士の一人はのちに救助されてモンテヴィデオ（南米ウルグアイ南部ラプラタ河口）に上陸したがそのときの状況をのちになってこう語っている。

「私はそのときブリッジ前方で監視についていたが、上空で大きな爆音を聴いたあと船に向かって突進してくる魚雷の航跡を見た」

この爆音は哨戒機のエンジン音であり、魚雷が見えたのはかなり浅い深度で突進してきたからである。船が沈没してから一五分後にUボートが突然浮上して艦橋に出てきた士官が、海上の救命艇に向かってドイツ語なまりだが流暢な英語で、Uボートの艦側に来るように命じた。その士官は船長を探していたが乗員が船長はいないというと、一等航海士を探し出して目隠しをして尋問のためにUボートの艦内に連行した。

U172一隻のみで、ケープタウンとダーバン間の海域で一カ月間に実に二四隻合計一六万一〇〇〇トンを撃沈した。このために英海軍省はこの海域での護衛の強化に乗り出し二〇隻を派遣したが、うち半数はトロール漁船の改造型であり英国海峡航路の護衛任務から引き抜いたものだったので、一時的に英仏海峡付近の警戒が手薄になったほどだった。

一九四二年十一月二日の夜に四九六六トンの英船リアンデロが灯火管制をして、トリニダード島（ベネズエラ沖合）から南アフリカに向かって航行中、U172から魚雷攻撃を受けて右舷艦橋下に命中した。この夜は暗夜であったが波は穏やかであり、いくらかうねりがあったが月は出ていなかった。雷撃されたリアンデロからSOSが発信されてケープタウンの無線局が受信したことを通信室が確認した。

リアンデロは沈没してしまい、乗員は救命艇に乗って海上を漂流していたが、U172が救命艇の二・四キロほど離れた地点に浮上して接近してきた。そして数隻の救命艇へ乗員をうまく配分する一五分間だけ、乗員はUボートの艦上に移ることを許可され、いつもの船名と積荷に関する尋問を行なったのちに潜航すると姿を消していった。それから三日後の十一月五日になって救命艇の乗員二〇名はノルウェー船に救助されてトリニダードにもどったのである。このとき、U172は沈めた船の名を聞き間違えて「クランデル」と記録していた。一九四二年十一月七日、U172とU68は同海域に四日間とどまって哨戒作戦に従事すべしという命令に従ったのち、十一月十二日にエンマーマン艦長はフランスの基地にもどることになったが、途中、ブラジルの北方海域で自由な戦闘行動を与えるように許可を求めた。

U172は一九四二年十一月二十三日の昼ごろ、ケープタウンからパラマリボ（ギアナ高地のあるスリナムの首都）に向かって速力一二ノットで進む、六六三〇トンの英船ベンローモンドを発見して魚雷をエンジン室に命中させた。

以下はこの船で唯一の生存者となったスチュワードのプーム・リムという英国植民地出身

の乗員が、船の沈没以来、実に一三〇日間も海上を漂流し、一九四三年四月五日に奇跡的に救助されるまでの過酷な漂流の物語である。

英船ベンローモンドがU172に撃沈されたとき、プーム・リムは自分の船室で過ごしていたが、突然、巨大な爆発が起こった。彼は日ごろから身近に置いてある救命具をつかみ取ると一散に走って、談話室と通路を駆け抜けると救命艇の位置へ向かった。そこでは二名の士官と乗員一人が救命艇を海に降ろしていたので、プーム・リムはそれを手伝っていた。すると、急速に沈む船に大きな波がかぶさって甲板を洗い流すと、リムは緑色の大海へと放りだされた。

リムは海中に深く沈んだが救命具の浮力によって海上に浮かび上がったが、そのとき、周囲に船から流れ出た幾つかの残骸以外に何も見えなかった。リムは二時間ほど一生懸命に泳いだが他の乗員がどうなったのか皆目分からなかった。爆発が起きたときベンローモンドの乗員たちは見張りを残しハッチを閉めて、ほとんどが船内にいたということを知っていたくらいである。船は何も積荷がなかったので船体が軽く船高が高くなっていたところに魚雷を受けて、船底鋼板の大部分を吹き飛ばしてしまい、そのために空気抵抗がなくなって、あっという間に海水が流入して三分ほどで沈没したと思われた。

リムは付近に浮かんでいるゴムボートを見つけると泳いで辿り着いてよじ登り、立ち上がって見るとずっと向こうに一隻のゴムボートを見つけたが、やっと乗員四人が乗っていると識別できるくらい離れていた。恐らくデッキにいて脱出の機会があった射手たちではないかと思い大きく手を振ると、彼らも気がついて懸命に合流しようとしたが海上での移動はままならず二隻は離れ離れとなって視界から消えてしまい、結局は一人になってしまった。それから、数回、波間に悲鳴と泣き声、そして救助を求める声を聴いたが、それ以降生存者のしるしを見たり聴いたりすることはなかった。このときリムは浮上していたUボートを少し離れた位置から見つけたがすぐに潜航して見えなくなった。見たことがないほど大きな潜水艦で、艦首は艦尾より高く、艦尾を波が洗っていて太いワイヤーが艦首から艦橋の上部を通って艦尾まで一直線に延びていた。そして艦橋に描かれたマークは、緑と白で描かれた数枚の葉と中央にドイツの十字章が見えた。艦橋にはUボートの乗員が見られ髪は暗い茶色か黒色だったが、イタリア人かドイツ人なのか区別はつかなかった。

プーム・リムはUボートに向かって手を振って助けを求めたが、彼らは笑って追い払う仕草をしただけだった。失望したリムはゴムボートの中を探してみると水と食料が備えてあり、幸いにも一人ならば五〇日間くらいは生存することができる量があったが、ゴムボートを漕ぐ道具がなくただあてもなく漂流せねばならなかった。そして漂流中に数隻の船が現われて、うち、一隻は近くまで接近してきたのでゴムボート内にあった信号弾を発射したが応答せずに通過していってしまった。漂流が五〇日になろうとするころ、リムは歯を使ってゴムボートの底板から時間をかけて釘を抜き出し、歯で曲げて釣り針にすると救命具の縫い糸をほぐして釣り糸を作った。この針にビスケットに水を加えて固めた餌をつけて海に垂らして「たら」に似た魚を釣ることができた。この魚を再び餌に用いて二〇キロもある大きな魚を釣り上げることができた。

後の調査でリムはこのとき海流によって南米のアマゾン川の河口付近にいたと推定された。

一番大切だった水がなくなるとゴムボートを覆うキャンバスに雨水を溜めて、缶に移して飲料水とし、あるときはキャンバスに止まったかもめを捕まえては食料にして生き延び、また、キャンバスは太陽熱から身を守るための大事な日除けになった。ゴムボートは絶えず海水に洗われていたので衣服はボロボロになりやがて全く裸になってしまった。肩は日焼けして背中と腕は黒褐色になっていたが水泡や海水傷はなかった。そして、幸いなことに雨が良く降ったが、これはブラジルの沿岸近くを漂流していたからであるが、それでも漂流一〇〇日を過ぎたころ五日間も水なしで過ごした危険なときもあったのである。

大洋を漂流中に運良く発見されたゴムボートだが、プーム・リムの漂流は130日間におよんだ、もっと過酷なものだった。

そして精神的にも肉体的にも限界がきたゴムボート漂流一三〇日間という驚くべき時間が経ってから、リムは数機の飛行機が低空で飛行しているのを見た。このとき、ブラジル海岸に沿って漂流していたのだが、飛行機がゴムボートを発見して様子を見るために降下し、生存者を見つけてベレム（ブラジル北部）の米海軍基地に報告したのである。航空機が去ってから連絡を受けた救助船がその海域で捜索を始めたが、なかなかリムのゴムボートが見つからず、ブラジル人の魚師がパラ州サリナスの東方一六キロの地点で偶然にリムを発見して救助したのである。このとき、リムは起き上がれぬほどに衰弱していて、ゴムボートから抱きかかえられて漁船に移されたが、精神力が強かったので大喜びしていることが眼の輝きから分かった。やがて、笑い、歌を歌い、そして食べた。これは一九四三年四月二日のことだった。

それから三日後の四月五日にベレムに上陸したが、リムは驚くべきことに弱々しい足取りではあったが歩行することができ、すぐに英国領事の保護のもとに病院に入れられて手厚い看護が行なわれた。医師の報告では長い間食べていた生の食物により胃の錯乱が起こっているので、休養が必要であると診断所見が述べられたが、二週間後には元気になって英国に送還することが可能になり驚くべき回復力を見せた。リムの抜きん出た身体壮健こそが長期にわたる漂流を生き延びることのできた最大の理由と考えられた。

リム以外にベンローモンドの生存者は一人もいなかったのは勿論である。

話はもどる。一九四二年十一月二十七日、U172は一四ノットで航行する商船を追跡したが攻撃できなかった。同日、この哨戒作戦における最後の獲物を大西洋の真っ只中、南アメリカとアフリカの中間地点で雷撃した。獲物は五三六四トンの米船アラスカンで魚雷攻撃ののちに砲撃で沈めたが、この船はケープタウンからニューヨーク経由でトリニダードに向かう予定だった。U172はこの船の名をまた間違えて「ラスカ」だとして報告した。この攻撃のあとU172は八時間にわたって別の貨物船を追跡したが、攻撃の機会が得られず諦めたがこれはスペイン船であったと思われる。

十一月二十七日にカール・エンマーマン艦長に騎士十字章が授与されたという大きなニュースが入って、乗員一同が等しく喜んだが、U172の航海も長くなり燃料が不足して中部大西洋において燃料補給を受けることとなった。そして補給の会同場所に向かったが、大洋の只中になんと七隻のUボートと乳牛と呼ばれるXⅣ型補給Uボートが集合していた。普通、単艦で行動するUボートは同僚艦にすらめったに遭遇しないため、このような光景はUボートの乗員たちにとっては本当に珍しいものだったのである。これらの艦（注5－3）はエルンスト・バウァーのU126、アルブレヒト・アヒレスのU161、ウルリッヒ・ティロのU174、ヘルムート・ヴィッテのU159およびウルリッヒ・ヘイゼのU128であった。

U159のヴィッテ艦長とU172のエンマーマン艦長は海軍兵学校における一九三四年組以来の友人だったので、わずかな時間を利用して二人はU128の艦内でひと時の旧交を温めることができた。そして、U172は燃料を補給すると十二月十一日に船団を求めて一〇ノットの速度で中部大西洋へ哨戒に向かい、十二月十三日まで哨戒を続けたのち帰路につくよう命令を受けた。しかし、十一月十二日の夕方に八〇〇〇トンと四〇〇〇トン級の貨物船を魚雷二発で攻撃し、三分五秒後と三分一六秒後に爆発音を聞いたが、これは魚雷の命中音ではなく駆逐艦の投下した爆雷音であったと思われる。

この海域にはU124、U105（注5－4）が活動していたが十一月十四日にU105は撃沈されてしまった。U172はビスケー湾で悪天候に遭遇したため、予定より遅れて十二月二十七日にロリアンに帰投したが、戦果を誇って艦橋に八隻の撃沈を示すペナントを翻していた。乗員はフランスで新年を迎え、次の出撃まで二ヵ月を休養と準備に当て、多くの乗員はドイツ本国

XIV型補給艦「乳牛」は10隻建造され、VIIC型は12隻へ12週分、IX C 型なら 8 隻に 4 週間分の補給ができた。写真は U460。

で休暇を過ごすことができた。一九四三年一月中旬、いまやUボートの大西洋作戦にとって重要な基地となっていたロリアンを、連合軍の爆撃機が夜間爆撃したがU172はブンカーに入っていたため損害を受けることはなかった。

四回目の出撃は一九四三年二月二十一日であり、目的地は危険度の少ない米国の東海岸方面と聞いて乗員は安心した。U172は三月四日の夜明けに中部大西洋で八〇四九トンの英船シティ・オブ・プレトリアを沈めたが、この日同じ海域でU515（注5—5）が八三〇〇トンのカリフォニヤ・スターを撃沈している。U172はそれから二日後の三月六日に三〇四一トンのノルウェー船ソーストランドを沈めた。一九四三年三月は大戦後半においてUボートがもっとも戦果を上げた月であり、連合軍は一〇八隻六二万七〇〇〇トンを失った。Uボートはアゾレス諸島南西に「ウンヴェルザクト戦闘団」と「ヴォールゲミュート戦闘団」による哨戒線を設けて、三月五日に米国のニューヨークからジブラルタルに向かうUGS6船団を狙った。また地中海方面のジブラルタル付近では「ツンムラー戦闘団」が狼群攻撃をかけようと待ち伏せた。

連合軍の空爆を受けるロリアン港。フランスにある同港は、大西洋への出撃基地としてドイツ本土への往復時間が省かれ重要な役割を負っていた。

三月十二日に「ウンヴェルザクト戦闘団」のU130（注5―6）がアゾレス諸島南西でUGS6船団を発見し、六隻のUボートが連携して攻撃したが四隻を沈めたのみだった。U172もこの狼群攻撃に加わり、三月十三日の夕刻に五五六五トンの米船キーストンをアゾレス西方で沈め、三月十六日には四発の魚雷を発射して七一九一トンの米船ベンジャミン・ハリソンを同じくアゾレス東方で撃沈した。しかし、その後はジブラルタルからの航空哨戒活動が活発になったので狼群船団攻撃作戦を終了させたのだった。

U172と他のUボートは南方に進んで「ゼーラウバー戦闘団」をあらたに編成したが、カナリー諸島（アフリカ大陸北西の大西洋上）南方で、地中海の入り口にあるジブラルタルからシェラレオーネ（アフリカ西部の共和国）に向かうRS3船団を発見して、三月二十九日に五三一九トンの英船シルバービーチをモロ

1942年当時のU172で、艦橋前面にFuMO29ゲマ・レーダー・アンテナ(上列が送信用、下列が受信用)が見えている。

ッコ沿岸で沈めた。その船団攻撃時に艦を損傷したので一九四三年四月三日に洋上補給を受けて帰投することになった。その帰路、四月六日にカナリー諸島南方でサンダーランド飛行艇の攻撃を受けたがうまく避退して、無事ロリアンに帰ったのは一九四三年四月十七日のことだった。

一九四三年になると連合軍のレーダー(注5—7)によるUボート対策が進み、同年五月には四一隻のUボートが失われ、Uボート艦隊司令官のデーニッツ大将は大西洋にいる全てのUボートに基地に帰るように命令を発した。そんな中、ロリアンで六週間を過ごしたU172は一九四三年五月二十九日に五回目の哨戒作戦を命ぜられ、いつものとおりスコーフ河口からビスケー湾に出て南米沿岸海域に向かった。六月二十八日の夜明け、南大西洋のエクアドルの南で四七四八トンの英船ヴァーノン・シティに魚雷を命中させ、七月十二日にはブラジル沖で六五〇〇トンの米船アフリカ・スターも魚雷で沈めた。三日後の七月十五日夕刻には四五五八トンの英船ハーモニックを沈め、九日後の七月二十四日にバハマ(中央アメリカ北部・西インド諸島)の東南東で七一三三トンの英船フォート・チルコーチンを撃沈した。

このとき、Uボート艦隊司令部からU172とU185（注5―8）に対して、U604（注5―9）をパルナンブコ（ブラジル北東部）沖で救助するようにとの指令が入った。このU604は折から六回目の哨戒作戦中だったが、八月三日に米機と駆逐艦モフェットによる攻撃を受け、甚大な損害を蒙って基地にもどろうと努力していたのである。現場海域に到着したU172とU185はその損害状況を見てU604を支援することは不可能だと判断し、八月十一日に乗員を二隻に分割して収容するとU604を自沈させた。しかし、このあとにU172は航空機の攻撃を受けて損傷し、U185もまた八月十二日に救助したU604の半分の乗員を乗せたまま撃沈されてしまった。航空攻撃で損傷したU172はロリアンに帰投することになったが、二五名もの余分な乗員が増えたことで艦内の居住環境は極端に悪化し、苦労の末、一九四三年九月九日にロリアンに到着することができたのだった。

居住環境の悪いVIIC型Uボートの艦内指揮所内の乗員たち。

　この航海を最後としてカール・エンマーマン大尉は陸上勤務となり、一四ヵ月間にわたって大西洋で二七隻もの船を沈めた戦いの幕を閉じた。その後、フランスのサン・ナゼールに基地をおく第6Uボート戦隊指揮官に任命されて陸上からUボート戦の指揮をとったのである。

U172はロリアンからサン・ナゼールの港に移されて、副長だったヘルマン・ホフマン中尉（一九二一年ハノーバー生まれ、一九三九年海軍兵学校卒業）が艦長に昇進し、一九四三年十一月二十二日に六回目の哨戒作戦に出撃した。今度はアフリカ沿岸南ア沖海域の哨戒ののち、さらに遠距離となるインド洋方面での哨戒作戦が目的であり、哨戒海域に到達するまで攻撃を控えるように指示されていた。目的地に向かうU172から十一月三十日にビスケー湾を無事通過したという信号が発せられたが、これがU172の最後の通信となった。それから二週間後にカナリー諸島の南西二八〇キロ、カーポヴェルデ（アフリカ西岸沖の共和国）の北北西九六〇キロの地点で、カサブランカ（モロッコ中北部の都市）から米国に帰るGUS23船団がU172の近くを通過した。この船団には護衛空母ログー、米駆逐艦ジョージ・E・バジャァー、デュポン、クレムソン、ジョージ・W・イングラムが護衛していた。

UボートIX型よりさらに五〇パーセントほど大きいXB型のU219（注5―10）は三隻のUボートに補給をすませたのち、U172へ補給ホースを接続中に護衛空母ログーの艦載機に発見されたのである。U219は素早く潜航すると続いてU172も潜航した。二隻の大型Uボート発見の急報を受けて駆逐艦クレムソンが現場海域に向かいアスディックによる捜索が開始され、コンタクトが得られるとすぐに爆雷を投下した。付近を空母から発進した哨戒機がUボートの痕跡を見つけようと上空から監視し、ほかの駆逐艦もUボート狩りに加わった。

海面下のU172はいつものとおり電動機を静粛運転にして乗員はあらゆる場所で静かに横になっていた。Uボートがいずれ充電のために浮上せねばならなくなるのをハンターたちは昼も夜も忍耐強くじっと海上で待ち、狩るものと狩られるものとの死闘が始まった。Ｕ172は駆逐艦のアスディックによって位置が特定され、幾回も異なる深度に調整された爆雷が投下された。執拗なハンターたちに追われてＵ172は逃れることができず、艦内の空気は汚れてバッテリーが消耗し尽くしてしまい、新艦長のホフマンが浮上を決意したのは十二月十二日のことだった。洋上にＵボートが浮上するや海上で待ち続けたハンターたちは、七・六センチ砲で砲撃を加えながらＵボートに突進して爆雷を投下した。

この攻撃でＵ172の耐圧船体（船殻）は破壊されて致命的な燃料漏れを発生しながらも再び潜航に入った。午前八時、空母からグラマン・マートレット戦闘爆撃機が飛来して油膜の浮かぶ海域を護衛艦に知らせた。一方、駆逐艦クレムソンのアスディックはＵ172の所在を確実に探知していて、僚艦イングラムとともに爆雷を投下したがＵボートは降伏する様子を見せなかった。だが、突然にＵボートが海水を断ち割って海上に浮上したので、上空を哨戒するマートレット機のパイロットは興奮して「Ｕボートが浮上した！」と無線で叫んだ。

護衛空母上のグラマン・マートレット（ワイルド・キャット）機。同機は、英海軍ではＵボート攻撃や哨戒に使用された。

さらに空母から二機が応援に飛来し三機がU172の上空を旋回していた。U172の艦橋には対空機関銃手が認められたが、すでに数名の乗員が艦橋から海に飛び込むのが見えて、上空のマートレット機は乗員がUボートを捨てて脱出していると思ったが、実はそうではなく、Uボートの八八ミリ甲板砲が駆逐艦イングラムに向けて発射され、一弾が同艦の後甲板にいた乗員八名を負傷させた。そして機関銃手は上空のマートレット機に銃火を開いたが、すぐに、U172は護衛艦群の猛砲撃にさらされて洋上で無力に旋回するだけになっていた。六分後にU172のデッキを海水が洗い始めると乗員は争って艦橋上から海上に脱出し、艦長ヘルマン・ホフマン中尉と副長のほか三三名が救助された。U172は二六隻一五万二七七九トンを撃沈した殊勲艦だったが、一九四三年十二月十三日にカーボヴェルデ諸島北西で海底に沈んだのである。

5―1　U68（IXC型）●一九四一年十二月十一日就役。艦長はカール・フリードリッヒ・メールテン少佐ほか二名で三二隻一九万四七七トンを撃沈した殊勲艦の一隻。一九四四年四月十日にマディラ西南西にて航空攻撃で沈没。

U504（IXC型）●一九四一年七月二十日就役。艦長はフリッツ・ポスケ少佐とヴィルヘルム・ルイス少佐で一六隻八万二一三五トンを撃沈。一九四三年七月三十日にオルテガル岬南西にて爆雷攻撃で沈没。

U156（IXC型）●一九四一年九月四日就役。艦長はヴェルナー・ハルテンシュタイン少佐で一九隻九万七一九〇トンを撃沈し三隻損傷。一九四三年三月八日、バルバドス東方で航空攻撃により沈没。

5―2

Ｕ459（ＸⅣ型）●一〇隻建造されたＵタンカー（乳牛）のうちの最初の艦で一九四一年十一月十五日就役。艦長はゲオルグ・フォン・ヴィラモビッツ・メーレンドルフ少佐。一九四二年～四三年にかけて多数のＵボートへ燃料の補給を行なったが、一九四三年七月二十四日に航空攻撃で沈没。

5―3

Ｕ126（ⅨＣ型）●一九四一年三月二十二日就役。艦長はエルンスト・バウアー大尉とジークフリート・キエツ中尉で二六隻一二万五七三七トンを撃沈し五隻損傷。一九四三年七月三日、オルテガル岬北西で英機の攻撃で沈没。

Ｕ161（ⅨＣ型）●一九四一年七月八日就役。艦長はハンス・ヴィット大尉、アルブレヒト・アヒレス大尉で一七隻六万七四四九トンを撃沈し六隻損傷。一九四三年九月二十七日にブラジル・バヒア西方にて航空攻撃で沈没。

Ｕ174（ⅨＣ型）●一九四一年十一月二十六日就役。艦長はウルリッヒ・シロ少佐、ヴォルフガング・グランデエルト中尉で五隻三万八一三トンを撃沈。一九四三年四月二十七日にカナダ・セーブル島東南東にて航空攻撃で沈没。

Ｕ159（ⅨＣ型）●一九四一年十月四日就役。艦長はヘルムート・ヴィッテ大尉、ハインツ・ベックマン中尉で二三隻一一万九六八三トンを撃沈し一隻損傷。一九四三年七月十五日、カリブ海ハイチ沖にて航空攻撃で沈没。

Ｕ128（ⅨＣ型）●一九四一年五月十二日就役。艦長はウルリッヒ・ヘイセ大尉、ヘルマン・シュテイネルト中尉で一二隻八万三六三九トンを撃沈し一隻損傷。

5―4

Ｕ124（ⅨＢ型）●一九四〇年六月十一日就役。艦長はヴィルヘルム・シュルツ大尉とヨハン・モール大尉で四六隻二一万八二七八トンを撃沈し四隻損傷。ほかに英巡洋艦ダニーデンとコルベット護衛艦を撃沈した。一九四三年四月三日、アフリカのフリータウン海域にて爆雷攻撃で沈没。

5―5　U105（IXB型）●一九四〇年九月十日就役。艦長はゲオルグ・シェヴェ大尉ほか三名で二二隻一二万六八七六トンを撃沈。一九四三年六月二日にダカール沖で航空攻撃により沈没。

U515（IXC型）●一九四二年二月二十一日就役。艦長はヴェルナー・ヘンケ大尉で二四隻一四万四八六四トンを撃沈。一九四四年四月九日にアゾレス諸島南西にて爆雷攻撃で沈没。ヘンケ艦長は捕虜となり米国に連行されるが、のちに脱出を図って射殺された。

5―6　U130（IXC型）●一九四一年六月十一日就役。艦長はエルンスト・カルス少佐とジークフリート・ケラー中尉で二五隻一六万七三五〇トンを撃沈し一隻損傷。一九四三年三月十三日にアゾレス諸島西方にて爆雷攻撃で沈没。

5―7　レーダー●電波探知機。各種波長の電波を発射し物体から反射する時間を測定し、目標の位置や距離を認知する装置。英国ではRDF（レジオ・ファインディング・システム＝電波探知システムと称し、のちにレンジ・アンド・ディレクション・ファインディング＝距離と方向探知システムと呼んだ）、米国ではRADAR（レジオ・ディレクション・アンド・レンジング＝電波探知機）と呼ばれこの呼称が一般的となった。

5―8　U185（IXC40型）●一九四二年六月十三日就役。艦長はオーグスト・マウス大尉で九隻六万二七六一トン撃沈と一隻損傷。一九四三年八月二十四日、アゾレス諸島南西にて航空攻撃で沈没。

5―9　U604（VIIC型）●一九四二年一月二日就役。艦長はクルト・ケルツァー大尉ほか四名で三隻（ほかに共同撃沈一隻）一万九四二四トンを撃沈。一九四四年三月一日にアゾレス諸島北方にて爆雷で沈没。

5―10　U219（XB型）●一九四二年十二月十二日就役。X型は本来機雷敷設型だったが日本への連絡補給艦に改造された。艦長はヴァルター・ブルグハーゲン少佐で、一九四五年五月六日にバタビヤ（ジャカルタ）で日本海軍に接収されて伊五〇五潜水艦となった。

第6章　U407と東洋航路の豪華船バイセロイ・オブ・インディア

二次欧州大戦が始まった直後の一九四〇年にダンチヒャー・ヴェルフト造船所（現ポーランドのグダニスク）は、UボートⅦC型三〇隻の建造命令を受けて一九四〇年から一九四二年末までの間に二五隻を建造したが、これらの艦は過酷なUボート戦において全て失われた。ここに登場するU407はそのうちの一艦であり、二年七ヵ月間にわたり地中海を中心に活動し、哨戒出撃一二回を重ねて撃沈した船は四隻三万四〇六八トンで損傷を与えたのは三隻だった。

U407は一九四一年八月十六日に進水して就役したのは同年十一月十八日である。初代艦長は二四歳のエルンスト・ウルリッヒ・ブリューラー大尉であるが、一九一七年にシレジアのオッペルンで生まれ一九三六年に海軍兵学校を卒業したのち、U43とU28で副長を務め、U7（注6―1）とU23の艦長となり、その後、一九四一年十二月十八日から一九四四年一月六日までU407の艦長だった。

U407は受領試験を終えてキールの第5Uボート戦隊に配備されたのち、一九四二年八月十五日に初めて北大西洋での哨戒作戦に出撃し「フォーァベルツ戦闘団」の一艦として狼群作

1942年末、イタリア北西部のラ・スペシァ付近におけるU407(ⅦC型)。
当時の艦長は初代のエルンスト・ウルリッヒ・ブリューラー大尉だった。

戦に参加して、十月九日にフランスで獲得されたあらたな基地ブレストへ入り第9Uボート戦隊の所属となった。

ブレストで四週間をすごしたのちの同年十一月二日に出航して、十一月七日から八日にかけてジブラルタル海峡を通過すると地中海に入ってイタリアのラ・スペシアで第29Uボート戦隊の所属艦となった。ここを基地として北アフリカ沿岸のアルジェとオラン沖で哨戒任務についたが、このとき一緒にジブラルタル海峡を突破して地中海に入ったUボートは七隻あったが、この時期はまだジブラルタル海峡の警戒もそう厳しいものではなく、監視の目を潜って夜間に地中海に入ることができたのだった。

同じとき偶然にも英軍の兵員輸送船バイセロイ・オブ・インディアがジブラルタルを通過して地中海に入っていったが、この船はU407が最初に撃沈する大きな獲物となるものだった。バイセロイ・オブ・インディア（インドの総督）は一九二八年に進水した一万九六二七トンの大型客船で、P・&・Oライン所属の東洋の豪華船と

P・&・Oライン所属で1万9627トンの豪華船だったバイセロイ・オブ・インディア(インド総督)で、U407に地中海の北アフリカ沖で撃沈された。

呼ばれ、英国とボンベイを結ぶ航路に就航していたが、速力は一九ノットと快速で静粛性も高かった。しかし、なんといっても船内プールをはじめ内装が一段と素晴らしく豪華船時代の代表格であった。

それは単に浮かぶホテルというだけでなく、一八世紀の音楽堂やアダム式と呼ばれる古代ローマ様式の読書室、スコットランドの壮大なホール様式や、巨大な暖炉といった重厚な内装が数多く取り入れられ、インドへ向かう時には左舷側船室を、英国に帰るには右舷側を予約するのだという、ゆとりある人々が航海した豪華船だった。しかし、二次大戦が始まると、P・&・Oラインの多くの客船が兵員輸送船に転換され、このバイセロイ・オブ・インディアも同じように戦時輸送省に徴発されたのだった。折から北アフリカ戦線では独伊軍がチュニジアで連合軍の攻勢を防いでいたが、そのドイツ軍の背後に第二戦線を構築するための上陸作戦が準

U407の魚雷をエンジン室付近に受けて左舷に傾く兵員輸送船バイセロイ・オブ・インディアで付近に救命艇が見える。

備され「トーチ作戦」と呼ばれたが、このバイセロイ・オブ・インディアはそこへ上陸する兵員を運ぶ兵員輸送船「LS1」と呼ばれていた。

　バイセロイ・オブ・インディアの船上には一五・三センチ砲、ボフォース砲（注6―2）、あるいは機関銃一六梃などが装備され、アルジェへの兵員輸送のために一九四二年十一月七日までに地中海に入ることになった。上陸地点は北アフリカ沿岸のアルジェ湾西にあるペスカデ岬とマティフ岬に挟まれた砂浜のうちの三ヵ所が選ばれ、本船は南方にある「りんごの浜」に兵員を輸送する予定で、十一月七日午後十時四十五分に英駆逐艦シェークスピアに護衛されて地中海を航行していた。本船にはランカシャー第2歩兵大隊と東サーレイ突撃部隊が乗船していたが、上陸地点に到着すると護衛艦がUボートを警戒して周囲の哨戒を入念に行ない、同時に上陸地点の観測が行なわれたのちの深夜午前一時十分から兵員上陸が行なわれた。

　上陸地点の浜の状態は悪くて危険であったが、上陸計画が良くできていたので安全に将兵を上陸させることができた。翌日には上陸艦隊旗艦の駆逐艦ブロロが将旗を掲げてバイセロイ・オブ・インディアの付近に停泊してアルジェリア人群集の盛大な歓迎を受けていた。上陸軍は迅速に内陸に進軍してアルジェ市は連合軍の手中に入ったが、極めて慎重に練られた輸送計画により兵員輸送は完全に成功したので、帰路は比較的容易であろうと考えられて、翌十一月十日にバイセロイ・オブ・インディアは単独で英国への帰路につくことになり、午後六時に上陸地点から錨を上げた。

バイセロイ・インディアは1942年11月11日にU407の雷撃を受け、4時間後の午前8時7分に、左舷後部から沈没した。

以下はバイセロイ・オブ・インディアの船長の話である。

「我々は船底にバラストを搭載してバランスを調整すると錨を上げてジブラルタル海峡に向かった。対空警戒には大きな注意を払い砲手と銃手二九人を乗せていたが、ほかに同乗者二二名と四三二人の乗員がいた。上空に飛行機の爆音を聞いたが海上には闇が迫り何も見えなかった。また、本船の位置がドイツ側に知られる恐れがあるので電文の発信を禁じた。十一月十一日の早朝は快晴で視界が良く、波も穏やかで東の風、風力二の中をなにごともなく航行していた。午前四時二十四分にジグザグ航行のために西方に変針して一八・五ノットの速度で進んでいたとき、突然、左舷側エンジン室付近に魚雷が命中した。

巨大な爆発があったが閃光は見えず、代わりに巨大な水柱が立ち上った。船は大きな衝撃に揺さぶられると、一瞬にして全ての電灯が消えて左舷側に三・五度傾斜した。上甲板は爆発で酷く引き裂かれた鋼板が後方に捲れあがっていたが、喫水線上の船体に裂け目は見えなかった。緊急発電機を稼動させて潜水艦の攻撃を示す『SSS』連送が行なわれ、乗員たちは皆持ち場で待機した。船内エンジンは爆発によって酷く破壊されていたが、港へ牽引することができるならこの船はかならずや救えると確信した。

昼間になるとすぐに接近してきた駆逐艦ボーディセアは『あとどのくらい持つか？』と沈むまでの時間を訊ねてきた。私は『本船はゆっくりと沈んでいるが牽引ができるなら救うチャンスはある』と答えた。

駆逐艦は了解してしばらくの間、本船を牽引して航行していた。私は船に搭載していた八〇名乗りの救命艇六隻を全て使用することにしたが、上陸部隊を降ろしたあとだったので五〇〇名弱の乗員数には充分だった。しかし、乗員は全て駆逐艦ボーディセアに移乗させ本船には四〇名の必要最小限の乗員が残ってなんとか港まで牽引しようとがんばっていた。牽引は続けられたが午前七時に船体は五・五メートルも沈んで船尾はすでに海の中だった。私はやむなく船を放棄することにして七時四十分に牽引綱を外すと残った乗員とともに駆逐艦に移乗した。巨船はしばらくの間浮かんでいたが、我々が見守る中でゆっくりと沈んでゆき午前八時七分に船尾から海中に姿を没した。我々は同日午後六時にジブラルタルに上陸することができたが、魚雷の爆発によって乗員四名を失っていた」

バイセロイ・オブ・インディアの発信したUボート攻撃を示す「SSS」連送信号は、ドイツ海軍の通信傍受機関B—ディーンストで傍受され、U407が地中海に入ってから三日目にして大きな成功を収めたことが明確になった。U407はその後、一九四二年十一月二十六日にUボート潜水戦隊の基地が置かれたポーラ（プーラ＝現クロアチア南西部の港湾都市）に入港した。

三回目の出撃は一九四三年一月十七日から四〇日間にわたる哨戒作戦をU596（注6—3）と共同で行ない、MKS7E船団をオラン沖で攻撃したのち二月二十六日にイタリアのラ・スペシアに入港した。四回目の哨戒作戦は一九四三年四月二十一日からアルジェ沖で船団を探して哨戒活動を行なったが、戦果は得られず五月八日にイタリアのナポリ港に入った。五回目は一九四三年五月十二日にナポリを出たが、今回も獲物がなく五月二十八日にフランスのツーロン港（地中海に臨むツーロン湾）に入った。

六回目の出撃は一九四三年七月七日にツーロンを出て、七月三十日にギリシャのサラミスに帰るまでの二三日間の哨戒作戦である。折から七月十日に連合軍によるイタリアのシシリー島へ上陸するハスキー作戦が開始された。シシリー島の沿岸防衛施設や通信網を破壊するために三六八〇機の連合軍の航空機が来襲して、ドイツ空軍の幾つかの飛行場も組織的に破壊された。しかし、地中海ではU81が連合軍の輸送船を攻撃しイタリア潜水艦も活動していた。同年七月十八日にイタリア潜水艦が英巡洋艦クレオパトラ（五六〇〇トン）を攻撃し、七月二十三日にはU407がシシリー島のシラクサ南東で巡洋艦ニューファウンドランド（八五三〇トン）を魚雷で攻撃したが、この二隻の巡洋艦は損傷を受けマルタ島になんとか辿り着くことができた。

このころ、イタリアでは独裁者のベニト・ムソリーニが失脚して、枢軸軍からイタリアの離脱が目前に迫っていた。

U407の七回目の出撃は一九四三年八月十七日にギリシャのサラミスを出て、東地中海のパレスチナとレバノン方面で行動したが戦果がなく九月八日にポーラに帰還した。八回目の哨戒作戦は一九四三年九月九日から九月十二日までと短期間で再びポーラにもどった。九回目の出撃は同年十一月十一日にポーラを出て、十一月十九日にマルタ島東南東一一二キロの海域からキレナイカ（リビヤ東部）の沖八〇キロの地点に移動した。この海域は船の交通量が多く、船団は厳重な英空軍の護衛を受けて通過していったが、付近の海域は水深が浅くてもUボート戦には適さなかった。

だが、十一月二十八日にU407は偶然に護衛艦を伴わない巡洋艦バーミンガム（五九二〇トン）をデルナ（リビヤ北東部の港）の西方で発見した。この新造巡洋艦はレバント（地中海東岸部）に向かってジグザグ航行をしながら二五ノットで航行していた。

巡洋艦バーミンガム艦長の報告書がU407の魚雷攻撃の様子を良く伝えている。

「午前十一時十八分に適切な速度で航行していたが、十一時十四分に右舷方向五〇度で突然巨大な爆発が起こった。巨大な水柱は艦橋を越える高さにまで達し、水柱が納まったとき速度は僅か一ノットに落ちていた。そして、三〇秒後にもう一度大きな爆発があり、そのとき、

英新鋭巡洋艦バーミンガムは地中海のリビヤ沖でU407の魚雷攻撃で損傷（右舷前部付近に命中）するが、アレキサンドリア港に入ることができた。

私は近距離から発射された魚雷の雷跡を見て、瞬時にこれは右舷艦首方向から発射された魚雷だと推定した」

バーミンガムは大きく揺れて左舷側へ八度ほど傾斜したが艦の姿勢は落ち着いていた。バーミンガムの操舵装置は無傷だったので、Uボートを艦尾方向とする操船中にエンジン室からの報告により機関区画が無事であることを知り、魚雷は艦の前部に命中したことが明らかとなった。前方区画の損害対応班は蒸気ガスの発生によって倒れたが、艦の損傷緊急対策システムは円滑に機能して、前方区画でガスにやられた損害対応班員を救出することができた。魚雷で大きく損傷したバーミンガムは艦首をエジプトのアレキサンドリアに向けて陸岸近くを一二ノットで航行し、次第に速度を上げて一四ノットにした。午後十二時二十五分にギリシャ駆逐艦テミストクレスとポーランド駆逐艦クラコウィアクが、護衛として巡洋艦の側面にぴたりと寄り添ってUボートへの盾となった。

やがて護衛艦フューリーとパスファインダーが加わり、巡洋艦バーミンガムは十一月三十日の午前六時三十分にアレキサンドリア港に無事入ったが、このとき、艦首は一〇メートル、艦尾は四・九メートルも沈下していた。幸いなことに海は穏やかであり下甲板の海水は強力なポンプの働きで排水することができた。この攻撃によりバーミンガムは死者二七名、重度の負傷者は二六名で七二名が軽傷を負った。

U407の艦長は雷撃時にバーミンガムの速度を実際よりも大きく推定したため、四発の魚雷を発射しながら三発が艦首前方を通過してしまい、残った一発が巡洋艦の前部に命中したのである。実は一次大戦時ドイツ海軍が最初に撃沈した英巡洋艦が初代バーミンガムだったから、もし二代目を撃沈していたとしたらゲッペルス宣伝大臣がきっと世界に巧妙に宣伝したかも知れない。バーミンガムを雷撃したU407は一九四三年十二月十二日にポーラに帰投した。

ポーラでU407はクリスマスと新年を祝い次回の出撃準備を行なっていたが、翌一九四四年一月九日にポーラがイタリアから出撃する米空軍機に爆撃されて乗員五名を失った。一方、この月にU407のブリューラー艦長からヒューベルタス・コルンドルファー中尉に指揮が引き継がれた。コルンドルファー中尉は一九一九年にハンブルグ付近のアルトナで生まれ、戦争開始の年の一九三九年に海軍兵学校を卒業した当時二五歳の若い艦長だった。一九四一年十月から四三年七月まで多くの戦果を上げたゲルト・ケルビング大尉のU503（注6―4）のもとで、次席士官として経験を積んで艦長コースを終了したのちU139（注6―5）の艦長をへてU407の艦長となった経歴の持ち主だった。

若いコルンドルファー艦長は前艦長と違って積極的に海岸付近に接近してあらゆる船舶を攻撃対象にした。一〇回目の出撃は一九四四年一月二十九日でサラミスから東地中海に向かい、二月二十七日にパレスチナ沿岸で五五トンの小型帆船ロッド・エル・ファラグを砲撃で沈め、二日後の二月二十九日にシリア沖で六二〇七トンの英タンカー・エンシスに魚雷攻撃によって大損傷を与えたのち三月十二日にサラミスにもどった。一一回目の出撃は一ヵ月後の一九四四年四月十三日であるが、三日後の四月十六日にキレナイカ（リビヤ東部）沿岸でUGS船団の二隻の米船を攻撃した。一隻は七一七六トンのトーマス・G・マサリィクで魚雷により大損傷を与え、もう一隻は七二一〇トンのメイヤー・ロンドンだったがこれは沈没した。そして、この戦果がU407の最後のものとなった。

一二回目の出撃は一九四四年八月二十一日から九月四日までデルナとベンガジ（地中海スルト湾東岸）方面で活動するがとくに戦果は得られずにサラミスへ戻った。

U407のコルンドルファー艦長は一九四四年九月にハンス・コルブス中尉と交代したが、コルブスは地中海で活動していたU421（注6—6）とU596を指揮したベテラン艦長だった。すでに英軍はこのころセンチ波レーダー（注6—7）やハフダフ方位探知装置（注6—8）など電子戦面でドイツより優位に立ち、連合軍による海空のUボート封じ込め対策が充実して昼夜を問わず発見される可能性が高かった。それゆえ、Uボートが昼間に潜航して夜間に浮上し目的地へ急行するような本来の戦術が取れな

艦船のマストに装備されたハフダフ装置(FH4)の方位探知アンテナで、Uボートの電波により距離と位置を測定した。

くなり、常時、潜航行動する以外に選択肢がなくなっていた。このためにシュノーケル装置（注6―9）が開発されてU407にも新装備として搭載されたのだった。

一九四四年七月には欧州戦史で良く知られるヒトラー暗殺未遂事件（注6―10）が起こった。他方、主力戦闘艦の廃止問題でヒトラーと確執を起こしたレーダー元帥は一九四三年一月に辞職し、デーニッツ元帥がその跡を継いで海軍総司令官となっていた。デーニッツはヒトラーとの良い関係を維持することが海軍の維持になると考え、「ドイツ海軍は戦闘において総統に無条件に忠誠を誓う。また、諸子は私と指揮官からの命令に従えば誤りはない」とする一般命令をすでに発していたため、海軍においてはこの事件そのものが直接的に大きな影響を与えることはなかった。

U407は一九四四年九月九日にサラミスを出て一三回目で最後となる哨戒任務についた。このとき、艦内に戦時特派員を同行させることになり、乗員に戦闘行動以外に負担がかかることになって不満の声が聞かれた。それから一週間後の九月十八日にU407はイタリア本土への上陸部隊を乗せた船団を護衛する、巡洋艦、護衛空母、駆逐艦からなる強力な戦隊に遭遇した。この日の夕刻、ポーランド駆逐艦ガーランドが戦隊から分派されて東方の哨戒を命ぜられた。ガーランドは二〇ノットで進んでいたが、自艦の針路前方約一二・八キロの海上でたなびく煙を発見した。そして監視を続けると煙の向こう側で何かがピカリと光った。そこで、レーダーで捜索してみたが周囲四・八キロの範囲には何も探知できなかった。煙までの距離が六四〇メートルに迫ったとき速度を一〇ノットに落とし、さらに距離一八〇メートルまで接近すると海上に一メートルほど突出した潜望鏡のようなものが見えた。これはUボートのシュノーケル装置で、海上に筒を突出させて空気を取り入れディーゼル・エンジンを海中で作動させて充電を行なっていたため、そのエンジン排気が煙となって見えたのである。

駆逐艦ガーランドは「Uボート見ゆ！」の至急電を送ったが、運の悪いことに受信した艦の通信室要員が交代時間であったためにこの至急通信は迅速に処理されなかった。このときU407は駆逐艦に探知されたことを知らずに、シュノーケル充電を終えて海中で北方に針路を向けていた。

UボートⅦC型搭載のシュノーケル装置。筒を海上に出して空気を取り入れ、ディーゼル駆動で蓄電池充電を行なった。

一方、洋上の駆逐艦ガーランドはUボートの針路に艦首を向けると、アスディックで接触を開始し左舷六四メートルの位置でコンタクトが得られ、すぐにヘッジホッグ爆雷（注6―11）を投下した。爆雷爆発の衝撃でコンタクトが一時失われたが、Uボートの海中爆発は起こらなかった。この事態になって初めて護衛空母に座乗する護衛指揮官が、英駆逐艦トローブリッジとタープシコアを駆逐艦ガーランドの支援へ差し向け、さらに、英駆逐艦ゼトランドとブレコンを送って南方の海域を封鎖した。午後六時に駆逐艦トローブリッジは駆逐艦ガーランドが設置したマーカー（目印）をもとに、周囲四・八キロの海域をアスディックでくまなく捜索した。

Uボート制圧のための連合軍の新兵器ヘッジ・ホッグ（はりねずみ）爆雷と、その発射投下パターンを示す。

駆逐艦ガーランドは最初の爆雷投下のあと、七ノットで先に投下したマーカー付近を航過しながら北方を捜索していた。このとき広域捜索を実施していた駆逐艦トローブリッジがコンタクトを得て、Uボートが海中を四ノットで移動していると判断して、深度三〇～六九メートルの幅で信管をセットした爆雷を投下した。だが、この攻撃が成功した兆候は何も観測されず、六時五分、洋上には変化はなかったが連続する爆雷攻撃は間違いなく海中のUボートの乗員を絶望に追い込んだと思われた。このとき、駆逐艦タープシコアが来援すると距離一〇九二メートルでUボートのコンタクトを得た。一方、ゼトランドとブレコンの両駆逐艦は四キロ四方の方形捜索を命じられていたが、ブレコンが船尾方向でコンタクトを得て攻撃に加わった。
この結果、海中のUボートは三ノットの速度でジグザグ操艦により、やみくもに脱出を図っているかに見えた。そして、ブレコンとトローブリッジの針路が交差したため、ブレコンの艦首聴音装置を閉じたのでコンタクトが一時的に失われた。だが、ブレコンの聴音手は優秀で午後九時四十五分に再び確実なコンタクトを回復してUボートの速度を二ノットと推定した。十時三十五分に駆逐艦トローブリッジがUボートの想定深度一五二メートルから二五九メートルの間にセットした一〇発パターンの爆雷を投下した。だが、その後のコンタクトでUボートは深度二二七メートル付近にいることがわかり、それまでの爆雷の設定深度が適切でなくUボートの損傷はたいしたことはないと思われた。

地中海のポーラ港に入るU407。コルブス艦長と前任コルンドルファーの2人に指揮されて4隻3万4068トンを撃沈した。

ハンターたちは次第にUボートを追い詰め、駆逐艦の水中聴音機はUボート艦内タンクの圧搾空気の排出音をたびたび捕捉し、艦内で起こっている動揺が相当なものであると確信していた。続いて駆逐艦トローブリッジが二度目の爆雷攻撃を行なったあと、タープシコァとブレコンの両駆逐艦のアスディックにもコンタクトが得られた。U407は猟犬の群れから逃れようと海中で針路の変更をしばしば試み、夜中の午前一時に北方三二キロの彼方にある島に向けて低速ジグザグコースで脱出を図った。天候は悪く洋上はかなり荒れていたが、三隻の駆逐艦は執拗にUボートを追い詰めていった。駆逐艦ガーランドの艦長は夜明けまで爆雷攻撃を指揮しほかの二隻はコンタクトを続けた。午前四時三十分にハンターたちの攻撃が再開されて距離九一〇メートルで爆雷が投下されると、突然、Uボートがガーランドの左舷艦首方向に浮上してきた。

これを見たガーランド艦上から砲火がUボートに浴びせられ、数発が艦橋と船体に命中した。駆逐艦トローブリッジと他の艦も砲撃に加わり、猛砲撃の中でUボートの艦橋から数名の乗員が脱出するのが夜明けの薄明かりの中で見られ、Uボートは完全に放棄されたようだった。駆逐艦ガーランドは海上に浮いているUボートを完全に破壊するために、浅い深度に設定した爆雷を投下したがUボートはまだ沈まず、低速で前進しながら海上を旋回していた。今度は駆逐艦トローブリッジが魚雷を発射したが逸れてしまい、午前五時に各駆逐艦の砲撃が集中されてやっとU407は沈没した。完全に沈没したかどうか駆逐艦ゼトランドがアスディックでコンタクトを続け、沈下するUボートの位置に最後の爆雷を叩き込んだ。このあと海上に浮かぶU407のコルブス艦長を含む乗員四八名は救助され捕虜となった。

その後のU407の乗員尋問において、最初のヘッジホッグ爆雷攻撃では大きな損傷を与えられなかったが、ヘッジホッグの投射弾が海中に一斉に飛び込む際に発する音が連合軍の対潜水艦秘密兵器であることを乗員たちは知っていて、それが、Uボート乗員を脅えさせて士気を挫くのに多大の効果があったことが分かった。最初のトローブリッジの爆雷攻撃は正確で艦内に相当の被害を及ぼした。大きな衝撃で電灯が消えて水ポンプが機能しなくなり、潜航中の自動ツリム（釣り合い）調整が不能となりツリムポンプを手動に切り替えねばならず、また、多数の計器は使用不能となり、時間の経過とともに艦内の空気が汚れ始めて速度は三ノットに減じられた。そして、トローブリッジの二度目の攻撃はU407の至近で爆発したが重大な損傷を受けることなく深く潜航した。最後のタープシコァの爆雷攻撃でも致命的な損害を受けなかったが、空気の汚濁が限度となりUボートを浮上させねばならなかったのである。

Uボートが撃沈され、洋上を漂う乗員たちだが、このように救助されたようなケースは少ないものだった。

銃撃の嵐の中で艦長が「総員退艦」を命じたとき、まだUボートは海中にあったが脱出ハッチを開けて数名が脱出した。しかし、副長と四名の乗員および従軍報道記者は死亡した。そして、救助されたU407の乗員はあたりに浮かぶ多数の駆逐艦を見て驚きの声を挙げた。海中にいた彼らは駆逐艦一隻が攻撃していると信じていたからである。

この爆雷攻撃に先立つ一九四四年九月十二日にU407が第29Uボート戦隊司令部に送った連絡が、地中海で沈められた最後のUボートの報告となった。そして、かつてコルブス艦長が乗ったU596とU565（注6―12）は同じ九月五日に、米空軍の爆撃によりサラミスの港で沈没した。

かくして地中海からUボートが完全に駆逐された結果、連合軍にとってジブラルタル海峡から先の地中海は安全な海域となり、戦時航海の制限が撤廃されて船団航行は不要となった。一九四四年十月に英地中海艦隊司令長官が「この五年間で初めて商船が航海灯を灯して航海できるようになった」と戦時日誌に記しているが、この安堵した言葉から少数のUボートがいかに連合軍の海上交通を悩ましていたのかを知ることができるのである。

6―1　U7（ⅡB型）●一九三五年七月十八日就役。艦長はオットー・ザルマン中尉ほか九名で三隻五八九二トンを撃沈。一九四〇年夏以降は訓練艦で一九四四年二月十八日、バルト海ピラウで訓練中に沈没。

6―2　ボフォース砲●四〇ミリボフォース対空砲で高度三三〇〇メートルまで有効だった。

6―3　U596（ⅦC型）●一九四一年十一月十三日就役。艦長はギュンター・ヤン大尉ほか二名で一二隻四万一一一〇トンを撃沈し二隻損傷。一九四四年九月二十四日、地中海サラミスで自沈。

6―4　U503（ⅨC型）●一九四一年七月十日就役。艦長はオットー・ゲリケ大尉。一九四二年三月十五日にレース岬（カナダ）南にて航空攻撃で沈没。

6―5　U139（ⅡD型）●一九四〇年七月二十四日就役。艦長はロベルト・バーテル大尉ほか八名で一九四一年九月以降は訓練艦。一九四五年五月二日、ヴィルヘルムスハーフェンで自沈。

6―6　**U421（ⅦC型）**●一九四三年一月十三日就役。艦長はハンス・コルブス中尉。一九四四年四月二十九日にツーロンにて空爆をうけたのち解役。

6―7　**センチ波レーダー**●英海軍のレーダーはASV（対水上艦）Mk1と2型が使用されたが、メートル波（超短波）で作動波長は一・五メートルだった。やがて画期的なキャビティー・マグネトロン（磁電管）が英国で開発され、センチ波（一〇センチ波長＝ただし、X波長は三センチ）レーダーH2Sが現われ、海軍ではやや遅れてASV3型として使用しドイツ科学陣に対して優位に立ち、Uボートはこのセンチ波レーダーで苦しめられた。

6―8　**ハフダフ方位探知装置**●「Huff Duff」はUボートから発信される電波を、多数の陸上受信局と電波捜索装置を搭載した艦船によって探知し、三〇分以内にUボートの位置を特定し一時間以内に哨戒機や護衛艦で攻撃できた。一種の三角測定法で発信源を特定するもので一九四三年後半に実用化された。

6―9　**シュノーケル装置**●連合軍の護衛艦増強とレーダーの進歩で、海上でUボートは制圧され次第に長時間潜航を強いられるようになった。そこで、Uボートの新装置（一九四三年秋以降）シュノーケル（シュノルヒェル）が採用された。これはオランダ海軍の装置をドイツで改良したもので、筒を海上に突出させて空気を吸入しディーゼル・エンジンを駆動してバッテリーに充電を行なった。しかし、波があると筒先の自動弁を閉じるため、気圧の急変により乗員に頭痛、めまい、失神、呼吸困難、窒息などの問題が発生した。

6—10 **ヒトラー暗殺未遂事件**●一九四四年七月二十日、ヒトラーの総統本営（東プロシャの鷲の巣）で、シュタウフェンベルグ大佐が戦況会議室に持ち込んだ爆弾によるヒトラー暗殺未遂事件。これは反ヒトラー派が計画した「ワリキュール作戦」と称されて、暗殺と同時に軍が決起する計画だったが失敗に終わり多数の関係者が逮捕処刑された。

6—11 **ヘッジホッグ爆雷**●ASDIC（アスディック）で探知したUボートを、距離一八〇〜二〇〇メートルまで迫ったところで、電気点火式多連装爆雷を散布するように投射する制圧兵器で五〇隻以上のUボートを撃沈し、Uボート乗員の恐怖の的だった。

6—12 **U565（VIIC型）**●一九四一年四月十日就役。艦長はヨハン・イブセン中尉ほか二名で四隻一万一三四七トンを沈め三隻損傷。ほかに巡洋艦ナイアド、駆逐艦、潜水艦を撃沈した。一九四四年九月二十九日にギリシャ・ピレウス港で空爆損傷、自沈した。

第7章　U562と豪華客船ストラーサラン

二次大戦二年目の一九四一年から四二年にかけて、ハンブルグのブローム・ウント・フォス造船所では五二隻のUボートⅦC型を建造した。しかし、このうち、U559～U610までの四七隻は一隻を除いて全て失われたという事実から、いかに激しい潜水艦戦が行なわれたのかを想像することができる。ちなみにその一隻の例外艦はU573（注7－1）である。U573は一九四二年五月一日に地中海のアルジェ付近で、英第233飛行隊機に攻撃され、カルタヘナ（イベリア半島）でスペイン側に拘束されたのち、スペイン海軍で一九七〇年まで使用された艦だった。本編の主人公は失われた五一隻のうちのU562で最初ブレストの第1Uボート戦隊に、そしてイタリア・ラ・スペシアの第29Uボート戦隊に順次所属し、約二年の間に一〇回の哨戒作戦をこなして六隻三万七二八七トンを撃沈した艦だった。ことに地中海において英国のもと豪華客船ストラーサランを撃沈したストーリーは興味深いものである。

一九四〇年十一月十五日から十六日の夜に六七機の英双発爆撃機がハンブルグの造船所を爆撃して、多数の死傷者と施設に大きな損害を出した。しかし、船台上にあったU562の建造は続けられて翌一九四一年一月二十四日に進水し、三月にはヘルヴィグ・コールマン中尉が艦長に任ぜられた。コールマンは一次大戦中の一九一五年にポーゼン（ポーランド中西部ポズナニ）に生まれ、一九三五年に海軍兵学校を卒業し一九四〇年にU56の副長そしてU17とU573の艦長を務めた人物だった。

U562は一九四一年三月二十日に就役すると、バルト海で試験を行なったのちキールに回航されて第1Uボート戦隊に所属した。最初の哨戒作戦は一九四一年六月十九日であり、キールのティルピッツ埠頭を出航すると針路を北方にとって、小ベルト海峡（デンマーク）からカテガット海峡（デンマークとスウェーデンの間）を抜けて北大西洋で哨戒作戦を行なった。この航海は六週間にもおよんだが残念にも戦果はなく、同年七月三十日にフランスのロリアンに帰投した。大半の乗員たちにとってフランスですごすのは初めてであったが、それがどこであるにせよ、まずは「入浴」こそが最大の楽しみだった。乗員が充分休養をした一ヵ月後の八月二十五日に二回目の航海が行なわれ、ビスケー湾を進んで一五〇キロほど離れたブレスト港に入り、ここであらたな艦長ホルスト・ハム大尉と交代した。なお、コールマン艦長は一九四三年七月二十六日にU214（注7—2）の艦長として哨戒作戦中に英国海峡付近で撃沈されてしまった。

あらたなハム艦長は一九一六年にデュッセルドルフで生まれ、一九三五年に海軍兵学校を卒業した。そして、U26（注7—3）の次席士官から第1Uボート戦隊本部に勤務したのち、U96（注7—4）で半年間副長を務めU58艦長を経て、一九四一年九月四日にU562に転じた二五歳の気鋭の艦長だった。

ブレスト港のU562と乗員たち。10回の作戦で3万7287トンを撃沈した。

一九四一年九月十一日にU562は北大西洋に向けて三回目の航海に出た。九月十八日にグリーンランド南東海域で「ブランデンブルグ戦闘団」の一艦として狼群攻撃に加わったが戦果がなく、六週間ほど経過してやっと獲物を発見し最初の攻撃を行なったのは九月二十二日で、一五九〇トンの英船エルナⅢをファーウェル岬（グリーンランド）東南東沖において魚雷で沈めた。ついで、南方に移動して十月二日の早朝七時に二隻目の獲物を発見した。これは七四六三トンの英船エンパイア・ウェーブで、英国を出ると船団を組んで大西洋を行程の半分ほど航行しているときに、U562の魚雷を受けて沈没した。U562はこの攻撃ののち十月十五日にブレスト港へ戦果を示す二旒の小旗を掲げて帰投した。

ブレストではあらたな副長ヴァルター・フートが着任して出撃準備が急ピッチで行なわれ、一九四一年十一月十七日に地中海方面へ向けて四回目の出撃を行なった。このころ北アフリカ戦線のド

1941年7月、ロリアンに入るU562。このあとずっと地中海において作戦に従事することになる。

イツ軍を圧倒するために英軍が盛んに戦力の補強をしていたが、その補給船団と護衛艦を攻撃するのがU562の任務だった。すでに地中海で活動していた正規空母アークロイヤル（第10章参照）はU81によって撃沈され、戦艦バーラム（第4章参照）もまたU331が撃沈していた。U562は狭いジブラルタル海峡を巧妙に通過して地中海に入り、十一月二十七日から二十八日にかけてイタリアのラ・スペシア基地の第29Uボート戦隊に合流して地中海での作戦を開始した。

　地中海における最初の戦果は一九四一年十二月二日の夜、モロッコのマグリ岬北方三・二キロで四二七四トンの英船グレイヘッドを雷撃で沈めたものだった。十二月六日にはメッシナ（シシリー島）の基地に入って補給を受けると、同じ日に東地中海のギリシャとキレナイカ方面へ五回目の哨戒作戦に出撃した。そして、三週間後の十二月二十三日にトブルク沖で船団を発見して八〇〇〇トン級の船を雷撃したが失敗に終わり、十二月二十九日にポーラ（アドリア海イストラ半島）の基地に入った。ポーラに停泊していたU562は一九四二年前半の三カ月間はなぜか活動しなかったが、いよいよ六回目の作戦が始まった。これは四月四日から五月十一日までで最初は機雷敷設任務につき、それが終了すると

P・&・Oラインの地中海航路の豪華船ストラーサラン（2万3722トン）。
のちに北アフリカ上陸戦に兵員輸送船として参加し、U562に撃沈された。

ファマグスタ（キプロス島）沖で二隻（一五七トンと八一トン）の小型船を魚雷により沈没させてポーラへ帰投した。七回目の哨戒作戦は一九四二年六月二十二日にポーラから出撃して東地中海方面に向かい、七月十四日にレバノン沖でオランダのタンカー、アディンダを攻撃して損傷を与えたが沈没にはいたらなかった。八回目の哨戒は九月五日から十月十八日まで四三日間におよぶ長期作戦を東地中海で行なったが戦果はなくラ・スペシアに入った。

一九四二年十二月九日、北アフリカの海岸に連合軍の上陸戦が行なわれU562もその阻止戦闘に加わり、駆逐艦を攻撃して爆発音を聴いたとドイツ側では記録されるが、連合軍側にはこれに該当する事実はない。一方、U562は十二月二十一日の午前二時二十分に大型輸送船を発見して魚雷を発射し、六一秒後に二発が命中したと思われる爆発音を聴取したほか、船が海没するときの特有音を確認したと第29Uボート戦隊本部に報告した。実はU562が攻撃した船は大戦前に、P・&・Oラインに所属した二万三七二二トンの豪華客船ストラーサランであり、別称「ストラス」と愛称されヨーロッパの富豪たちを乗せて素晴らしい航海の日々を送った船だった。真っ白く塗られた船体や黄色い煙突とマストに特色があり、一九三〇年代に客船の黄金期を支えた豪華船であり、船上で華やかな舞踏会や優雅なディナー・パーティを開きながら地中海を航海したものだった。

一九三九年秋に戦争が始まり、ご多分に漏れずこの豪華な客船も兵員輸送船に転換されて船体は戦闘艦と同じ灰色に塗られた。そして、一九四二年十一月十一日に上陸部隊を乗せて英国のクライド湾を離れて船団を組み、地中海・北アフリカ沿岸の上陸地オランに向かっていたのである。船内には五一二二名が乗船していたが、うち乗員は四六六名でほかに二九六名の陸軍将校と下士官兵四一一二名、そして看護婦二四八名だった。また、錦糸銀糸で飾られた豪華船時代の華やかな船内には多数の郵便袋がぎっしりと積み込まれたほか、ストラーサランの船上には対空砲と機関銃、そして爆雷まで装備されていたのである。船団は地中海に入ると折からの悪天候に見舞われ多くの船に大小の損害を蒙りつつ、十二月二十一日に目的地のオラン沖まで一一二キロの地点に達した。やがて悪天候は回復して満月の月光は真昼のように明るく海上を照らし出して波高も小さくなった。だが、このような条件は海の猟犬Uボートにとっても船団攻撃に絶好の機会となっていたのである。

ストラーサランは一四ノットの速度で航行していたとき、突然、左舷エンジン室に魚雷が命中して大きな炸裂音とともに衝撃が巨体を揺さぶった。閃光はなく巨大な水柱が立ち上って船の左舷を覆い、舷側には大きな穴があいてエンジン室とボイラー室の隔壁が破壊されたが、ボイラー（缶）自体は損傷しなかった。しかし、全ての電気系統がやられ、潤滑油がボイラー室に侵入し、海水の急速な流入で船体が左舷に一五度ほど傾斜した。そして、非常用発電機の作動により非常灯が点灯し、操船システムと緊急排水ポンプを駆動させることができ、エンジン室内の排水も行なうことができるようになった。

船上には四隻のモーターボートと一六隻の救命艇が搭載されていたので、全部で一六〇〇名の乗員を乗せることができたほか、多数の救命ゴムボートも装備されていた。救命艇班の指揮により乗員と兵士たちがメガホンと伝令を使って、将兵を乗せた救命艇を人力で海上に浮かべようとしたが、中にはパニックになった数十名の兵士が舷側から海上に飛び込んだりした。海上は凪いでいて次の魚雷が命中する危険があったが、次々と救命艇が海上に降ろされて二隻がまだ船上に残されていた。船の傾斜は一〇度から一二度に増して次第にエンジン室の海水が増加していった。機関長は船尾側エンジン室の隔壁が破壊したとブリッジの船長に報告し、一方で船内を調べた修理員はエンジン室以外ほとんど浸水はないと知らせてきた。また、船内に残る全ての将兵は上甲板の右舷に集まり重量をかけることで船の傾斜を止める努力がなされた。

船の姿勢は比較的安定していたので船長は当分沈まないのではないかと判断すると、海上に救命艇で脱出した兵員をもう一度本船に呼び戻し「目下のところ沈没する危険はない」と船内放送で知らせ、将兵たちは船のできるだけ高い場所を選んで一夜をすごした。午前四時に駆逐艦ラフォレイが来て牽引の準備を始め、夜明けには直径二二・八センチのマニラ・ロープを用いて六ノットの速度で牽引が開始された。

午前六時三分に非常用ビルジポンプ（船底に溜まる汚水を排出するポンプ）がエンジン室の水をかなり排水しているという報告があり、十時三十分には一隻の駆逐艦が艦首を接舷して一二〇〇名の兵員を収容し、十一時十五分に駆逐艦ヴェリティが接舷して兵員一一七九名と看護婦たちを移乗させた。それから午後十二時三十分に駆逐艦パンサーが来て残った兵員を満載にして離れ、さらに一〇分後にもう一隻の駆逐艦が現われてストラーサランを管理する乗員を別にして他の乗員を午後二時までに救出した。

オランを目前にしたストラーサランはビルジポンプが大量の潤滑油を汲み出していたが、ポンプの量が足りずに潤滑油の大量の漏れに対応できなくなった。やがて、その潤滑油がボイラーに熱せられて燃えあがり続いて燃料庫にも火がついた。船長は隔壁B・C・DとEを調べてみたところ、火災により灼熱して付近の木造部が燃えていた。ほとんど見込みはなかったが火災消化ポンプを作動させ、船内にホースを延ばして消火活動が始まった。デッキ上の弾薬はすでに船の外に投棄されたが船の中央部で幾ヵ所かが燃え上がっていた。船内の火災状況がどの程度かを知ることは不可能であり、舷側にある多数の丸窓が破られれば大量の海水流入によって自沈してしまうであろう。

船長は濃密で危険な煙の中を通過してブリッジにもどると、すぐに大きな火炎がBデッキの将校区画付近から吹き上がって残った乗員に危険が迫った。そこで、船長は牽引の中止と駆逐艦への移乗を指示し、船尾の乗員に「退去」を命じ自分も駆逐艦ラフォレイに移乗した。

十二月二十二日の午前四時にオラン港までのわずか二〇キロの地点まできていたが、ストラ

地中海において輸送船団を護衛するフリゲート艦だが、Uボート各艦は護衛スクリーンを潜り抜けて、大胆に攻撃した。

ーサランはついに力尽きて転覆し沈没したのである。六名の乗員が行方不明になったが、幸いにも五一一六名を救出することができ大惨事を防ぐことができた。

U562のハム艦長はこの日の午前二時二十三分に、一万四〇〇〇トン級の大型兵員輸送船を雷撃して二発の命中を確認したと報告したが、実は命中したのは一発だけだった。もし二発の魚雷が命中していれば船は急速に沈没したのは明らかである。折から船内では多くの乗員と将兵が睡眠中であったことを考えれば、五〇〇〇名の英軍将兵が海に沈むことになり兵員輸送船に転換された商船の中で最大の悪夢となったであろう。

　この攻撃ののちU562は連合軍のUボート・ハンターたちに追われて爆雷攻撃により損傷し、第29Uボート戦隊の命令でいったんポーラに帰投命令が出された。しかし、U562はポーラより近いラ・スペシア基地へ向かった。このとき十二月二十三日の早朝に上空を飛ぶドイツ機に味方識別信号を発信したにもかかわらず、航空爆雷と機関砲掃射による攻撃を受けて乗員一名を失い、十二月二十四日にラ・スペシア基地に入ったが撃沈されなかったのはまさに幸運

地中海で魚雷を投下し、船団を攻撃するハインケルHe111爆撃機。船団を撃滅できるほどの機数は投入されなかった。

というべきであった。

のちに原因の究明が行なわれた結果、地中海のフランス南方沿岸とスペイン東部沿岸は、ドイツ空軍第3航空艦隊が担当する敵潜水艦の重点捜索海域になっていて、ドイツ海軍にも「航行禁止海域」として通知されていたが、前線で哨戒作戦を行なうUボートはこのような規制情報を良く知らなかったという欠陥が露呈されたものだった。これにより西方Uボート艦隊司令部（注7―6）と第3航空艦隊司令部との間で協議がもたれ、Uボート司令部は活動中の全Uボートの位置を把握して空軍に通知し、同時に全Uボートに対して空軍の危険海域規制が通達されてUボートの安全が図られた。こうした規制の結果、地中海方面のUボートが出撃するときは非常に狭い航路を通過せねばならず、しかもスペインのバレアレス諸島（地中海西部で首都はパルマ）の北方を通過してゆく航路を放棄せねばならないなど、大きな制約が課せられることとなった。

イタリアで一九四三年のクリスマスを迎えたU562の乗員は、同年二月七日に一〇回目の哨戒作戦に出撃したがこれがU562の最後の戦闘となった。今度は地中海アフリカ沿岸のキレナイカ沖で行動し、二月十九日の午後にベンガジ（リビア）の北東一一二キロの位置で浮上していた。午後一時二十五分に英空軍地中海航空軍第38飛行隊のウェリントン機が哨戒飛行中に浮上しているU652を発見するや、ただちにUボート発見の報がアレキサンドリアから北アフリカのトリポリに向かう船団の護衛艦群に通報された。U562はその船団の針路に向かってそっと忍び寄っていたが、ウェリントン機から発せられたUボートの位置通報により、一時間後には護衛艦がUボートを発見した海域に急行して午後二時二十分に駆逐艦ダーウェント、イシス、ハースレーの三隻がアスディックにより捜索を開始した。午後三時十五分に駆逐艦ハースレーが距離一・六キロでUボートのコンタクトを得て他艦に知らせた。駆逐艦からの視界は良好で北東の風が吹いているものの海は凪ぎUボート狩りには条件が適していた。駆逐艦ハースレーはアスディックのエコーを慎重に確認してUボートの針路前方と思われる位置に進出した。

英ウェリントン軽爆撃機。機体は旧式機だったが、海上哨戒機としてUボートの位置を報告し、その制圧に大活躍した。

ハンターたちはUボートが船団攻撃のために潜望鏡深度で攻撃の機会を窺っているであろうと考え、深度一五メートルにセットした爆雷五発を投下したが午後三時三十分にコンタクトは失われ、三時五十分に駆逐艦イシスはアスディックの故障のために攻撃を中断した。やがて、アスディックの修理を終了した駆逐艦イシスがUボートを再び捕捉し、駆逐艦ハースレーも速力一五ノットで一一〇〇メートルほど前方の海中を航行しているであろうUボートの直上を航過した。このとき深度三〇から六八・五メートルの間に調整した爆雷を一〇発投下した。そのとき、突然Uボートが駆逐艦ハースレーの右舷九〇メートルほどの位置に浮上してきたのである。

投下された二発の爆雷はUボートの艦尾後方と艦橋から六メートルほど離れた位置で爆発し、そのほかの爆雷は設定深度に達してから爆発した。Uボートは次々と爆発する爆雷の中で浮かんでいたが三〇秒ほどのちに再び潜航していった。ハンターたちはあまりにも突然のUボート浮上により砲撃命令が遅れ、致命的な損害を与えられないうちに潜航されてしまった。しかし、潜っていったUボートの艦橋の鋼板はめくれ上がり、艦上を走る通信ケーブルも切れて船体にからまっているのが駆逐艦から見えた。そこで、駆逐艦ハースレーはUボート乗員の士気を挫くために再び爆雷攻撃を開始したのである。

駆逐艦ハースレーは右舷方向に急旋回すると、距離四五・五メートルの近距離から攻撃針路に入って爆雷を投下しようとしたが、爆雷の再装塡が完了せず投下は中止された。しかし、このときのUボートのコンタクト距離はわずかに一五メートルと判定されていた。それから五分後に駆逐艦イシスと爆雷投下準備のできた駆逐艦ハースレーが一緒に爆雷を投下した。最後に駆逐艦イシスが残った一発の爆雷を投下すると、これがとどめの一発となったものか今度は海中から巨大な水流が湧き上がって海面に広がった。ハンターたちのアスディックは同じ位置にUボートの存在を捕捉していたが、そのエコーは次第に遠のき、そして消えていった。

　駆逐艦ハースレーは旋回すると大きな泡が出た海域を二度にわたって捜索したがコンタクトは得られず、駆逐艦イシスのアスディックからもまたコンタクトは消えた。英駆逐艦は執拗に付近を捜索するがUボートの残骸や油幕など撃沈を示す確実な兆候は得られなかったが、駆逐艦ハースレーの艦長は状況からして駆逐艦イシスの最後の爆雷攻撃によって撃沈したことを確信したのである。Uボート狩りを終えた駆逐艦ハースレーは船団護衛にもどろうとしたが、護衛指揮官からUボート沈没の確実性が薄いので同じ海域にもどってUボート狩りを続行するように命じられた。そこでハースレーは二二ノットの速度で翌朝同じ海域にもどってみると、その海域にはUボートの沈没を示す大きな重油の波紋が幾つも広がっていた。この状況を指揮官に報告してさらに周囲一〇キロの海域を捜索したが、船体や残骸あるいは沈没を示すUボートの漂流物を見つけることはできなかった。U562撃沈の英海軍公式記録には駆逐艦ハースレーとイシスおよび最初に発見したウェリントン機によると記載されている。

　このあと地中海ではまだ二年間にわたりUボートが活

地中海方面の連合軍護衛駆逐艦群。1943年以降は多数の護衛艦や駆逐艦が投入されて、しだいにUボートは制圧された。

動したが、連合軍の対潜水艦対策とレーダーおよび攻撃兵器が進歩するにおよび、Uボートは艦船襲撃で大きな成功を収めることができなくなってしまったのである。

これまで見てきたとおり兵員輸送船ストラーサランの攻撃で、二発目の魚雷がもし命中していれば五〇〇〇名の将兵が海に沈み、シシリー島上陸作戦を遅らせることができたかも知れない。そうなったならばU562のホルスト・ハム艦長は戦史の檜舞台に登場したことであろう。

7―1 **U573（VIIC型）**●一九四一年六月五日就役。艦長はハインリッヒ・ハインゾーン大尉で一隻五二八九トンを撃沈。一九四二年五月一日、地中海スペイン領カルタヘナ沖で航空攻撃にて損傷したのちスペインに拘留された。その後スペインに譲渡されG7として一九七〇年代まで使用された。

7―2 **U214（VIID型）**●一九四一年十一月一日就役。艦長はギュンター・リーダー大尉ほか三名で三隻一万八二六六トンを撃沈し二隻損傷。一九四四年七月二十六日に英仏海峡スタート岬南南西にて爆雷攻撃で沈没。

7―3 **U26（IA型）**●初期航洋型UボートでU25とU26の二隻が建造された。一九三六年五月十一日就役。オスカー・ショムブルグ中佐ほか三名が艦長で大戦初期に一〇隻四万四三五九トンを撃沈し二隻損傷。一九四〇年七月一日、アイルランド南西部ファストネット付近で護衛艦と航空機攻撃で沈没。

7―4 **U96（VIIC型）**●一九四〇年九月十四日就役。艦長はハインリッヒ・レーマン・ヴィーレンブロック大尉ほか四名で二八隻一九万一八一一トンを撃沈し四隻損傷。一九四五年三

7―5

月三十日にヴィルヘルムスハーフェンにて空襲で沈没。

西方Uボート艦隊司令部●Uボートの運用は海軍総司令部に従属するBdU（ベフェールスハーバー・Uボート＝Uボート艦隊司令部・一般的作戦指揮本部）が行ない、その下にFdU（フューラー・デル・Uボート＝Uボート司令部）がある。FdUは数個Uボート戦隊を指揮下におくが、FdU西方艦隊司令部はパリ（のちベルゲン）、FdUイタリア／地中海艦隊司令部はローマにそれぞれ置かれ、通常一基地に一個Uボート戦隊が配置された。

第８章　Ｕ155と護衛空母アヴェンジャー

アドルフ・ピーニング大尉（後に少佐）はＵ155を二年半にわたって指揮したＵボート戦のエースだが二次大戦を生き抜くことができた。しかし、建造された一〇〇〇隻を越えるＵボートのうち八〇パーセント以上が失われた事実を見れば、生き抜くことがいかに稀有なことだったかが分かる。

ピーニングは一九一〇年九月十六日にフリージァ諸島（欧州北海沿岸に連なる諸島）のズーデレンデで生まれ、一九三〇年に海軍兵学校を卒業してからＵボート勤務を志願した。最初はＵボート戦のエースの一人となるハインリッヒ・ブロイヒュロート（注８―１）が指揮するＵ48（注８―２）のもとで一〇ヵ月ほど経験を積み、一九四一年八月二十三日にＵ155の艦長となったものだった。

Ｕ155は大型航洋艦のⅨＣ型でブレーメンのＡＧヴェーザァ造船所で建造され、就役したのは一九四一年八月二十三日である。魚雷発射管は艦首四門と艦尾二門の計六門で二二本の魚雷を搭載した。Ｕ155が建造中の一九四一年の春に、英国のウインストン・チャーチル首相は

U155(IX C 型)。この艦の撃沈記録は25隻12万664トンに達した。

Uボートによる英国の海上交通への挑戦こそ阻止すべき最大の戦略だとして、英空軍爆撃兵団司令部に対してUボート造船所の破壊を主目標とせよと命じたのである。

チャーチルは「我々はUボートの造船所と、ドイツ空軍のフォッケウルフFw190戦闘機(注8―3)を真っ先に撃滅せねばならない」と述べて戦略爆撃目標を明確にした。英空軍省はUボート造船所の中からキール、ハンブルグ、ブレーメンのウェゲザック造船所の三ヵ所を攻撃目標に選び、一九四一年五月八日から九日にかけて爆撃機一三三機による攻撃を実施した。しかし、同じブレーメンにあったAGヴェーザァ造船所の方は一発も被弾することなく、折からU155が進水直前の脆弱な状態にあったが幸いなことに被害はなかった。

それから三日後の五月一日に再び英爆撃兵団はブレーメンとハンブルグの両港湾施設とUボート造船所を狙って八一機の爆撃機をもって飛来した。このときは前回よりも損害が多く港の機能が麻痺してAGヴェーザァ造船所の浮きドックも沈没した。しかし、この日の午後にU155は無事進水して以来四年の間に幾多の航空攻撃を受けながらも大戦終了まで生き延びる長寿艦となった。アドルフ・ピーニング大尉は一九四一年八月にU155に着任して艦を受領すると、バルト海で試験航海と訓練を行ない、一九四二年二月七日にキールの第１Uボート戦隊所属艦となって、北大西洋に向けて一回目の哨戒作戦に出撃した。すでに米国は二ヵ月前に参戦していたが、まだ警戒の薄いアメリカ沿岸での初期作戦はうまく行くであろうとUボート艦隊司令官のデーニッツは考えて、U155に米国への長距離哨戒作戦を命じたのである。

デーニッツの戦時機密日誌にはこう記されている。

U155艦長のアドルフ・ピーニング大尉。26隻14万1520トンを撃沈したUボート戦のエースの一人だった。

「貨物船やタンカーは集合点まで単船で航行し大西洋船団を構成するが、その集合点はUボートの攻撃条件に完全に合致する。さらに、米国の沿岸部ではUボートに対する効果的な哨戒システムがまだ確立されていない。故にできるだけ速やかに利点を生かして米沿岸部で攻撃作戦を実施しなければならない」

こうしてU155は「太鼓の響き」作戦

の第三グループの一艦として参加し、一九四二年二月二十一日にはONS67船団をレース岬（カナダ北部ニューファンドランド島）の北東九六〇キロで発見し、追跡のために南西に針路をとっていた。こうして三日以上をかけてUボートは影のように船団を追って針路前方に進出した。そして、同じ行動をとる五隻のUボートが、三二〇〜四八〇キロの範囲に集まり半月形に配置されて狼群攻撃の機会を待っていた。これらのUボートはU155、U558、U162、U158、U587（注8—4）であり、待ち伏せ攻撃が成功して八隻を撃沈したがうち六隻は価値ある大型のタンカーだった。

U155はこの船団攻撃で二月二十二日の午前七時に攻撃態勢をとり、素早く二隻のタンカーと貨物船を選んで魚雷の散開攻撃を行なった。一七九九トンのノルウェー貨物船サマが最初に犠牲になり、七九八四トンの英タンカー、アデレンが二番目に沈められた。このアデレンの乗員は五〇名で別に船上の兵器操作を行なう海軍と陸軍の兵士が一〇名乗船し、北アイルランドのベルファストを出て南米のトリニダード・トバゴ（小アンティル諸島）に向かっていた。魚雷が命中したときアデレンが白いロケット信号を撃ち上げて、Uボートの攻撃を船団の護衛艦に知らせようと試みたが失敗し、沈没が早くて無線による救助信号発信の時間もなかったほどだった。

この時の船長の話が残っている。

「我々は集合地点から船団を組んで何事もなく航海していたが、二月二十二日の早朝に突然、魚雷が船に命中して大きく震えると急速に沈没した。このとき煙も出ず騒音もなくエンジン室で小さな爆発が起き火炎が吹き出て船体は大きく振動していたが、魚雷攻撃を受けたようには思えないほどだった。私の感じでは魚雷は右舷に命中したようであるが確かではない。デッキなど外観的には大きな損害がないように見えたが、エンジン室と船倉の間の隔壁が爆発で破壊されて海水がエンジン室に急速に流入していた。あまりに早い沈没により船を退去する指示が出せず、上甲板の救命艇を確保することもできなかった。

左舷の救命艇はデッキ上で波に洗われていて、三隻のゴムボートが海上に浮んでいた。一つには二名が、もう一つには四名乗っていたが三隻目にはだれも乗っていなかった。すぐに救難船ツワードが現われて生存者は迅速に救助されたが、ツワードの船長はほかに海上に四二個の救命具と赤いライトを幾つか見たが生存者を発見することはできなかったと私に語った。

私は九〇分後に海上から救助されたが海水は冷たくほとんど力が尽きかけ、近づいた救助艇に登ることができず四、五名の乗員に艇内に引き揚げてもらった。私のほかに最終的に救助されたのはたった一一名のみだった。救助された乗員はツワードの船内に収容されて、一九四二年三月一日にカナダのハリファクスに到着することができた」

その二日後の二月九日に七八七四トンのブラジル船アラブタンを、米沿岸ハッテラス岬(米南部ノースカロライナ州)沖で沈めたのが一回目の哨戒作戦における最後の戦果となり、フランスのロリアンにもどったのは一九四二年三月二十七日のことだった。それまで多くの戦果を上げたUボートの「エースの基地」とひとときは呼ばれたロリアンだったが、この年の初めにクレッチマー、プリーン、シュプケといったトップ・エースたちが相次いで未帰還となっていた。U155はロリアンのスコーフ河口の奥で三月二十七日まで停泊していたが、四月二十日のヒトラーの誕生日にカリブ海への出撃が決まり、四月二十四日にロリアンを出航した。哨戒海域の小アンティル諸島のトリニダード島付近に到着して島の首都ポート・オブ・スペイン沖で四日間を過ごした。この間にそう遠くないカリブ海のバルバドス島（西インド諸島南東端）へ向かう海上交通を監視していると、付近にはかなり頻繁に空中哨戒が行なわれていたが歴戦のUボート艦長から見るとUボートを捜索する手法はまだまだ未熟に思われた。

五月十四日の夜にトリニダード沖で二四八三トンのベルギー貨物船ブラバントを沈め、三日後の五月十七日朝にオイルを満載した八一三六トンの英タンカー、サン・ヴィクトリオに二発の魚雷を命中させて沈め、夜には七六六七トンの米船チャレンジャーを撃沈した。そしてピーニング艦長はロリアンの第10Uボート戦隊司令部に「満月期はベネズエラ北岸に沿うタンカー航路で作戦する」と報告し、さらにポート・オブ・スペインの港湾付近が機雷設置に適していると提案した。

U155は五月十九日に貨物船を発見して攻撃準備をしていたが、これは四本煙突をもつ米駆逐艦を見誤ったために二時間あまり追跡されるというミスを犯したが、かろうじて脱出することができた。その翌日に大きな船団を発見して夜間攻撃を準備するがこれは残念にも接触を失ってしまった。だが、午後になって艦の聴音機が七七九五トンのパナマ・タンカーのシルファン・アローを捕捉し、トリニダード沖において魚雷で沈めることができたが、もう一隻のタンカーに対する雷撃は失敗に終わってしまった。

三日間の間隔を置いて五月二十三日には二二〇〇トンのパナマ船ワトソンヴィルを夜間キングストン沖（カリブ海ジャマイカ）で魚雷をもって沈没させ、二十四日には貨物船セント・ヴィンセントを撃沈したがこの両船は空荷であったと報告された。U155は五月二十八日に一九二八トンのオランダ船ポセイドンと、五月三十日には二一六一トンのノルウェー船バクダットの二隻をカリブ海で魚雷により沈没させた。そしてこの日、基地に帰投することになり、二週間の航海をへて一九四二年六月十二日にロリアンに到着した。ここであらたな副長ヘルマン・シュタイネルトが赴任してきたが、彼はのちにU128の艦長となった人である。

U155は約一ヵ月をロリアン基地で過ごしたのちの、一九四二年七月九日に三回目の出撃をし、今度は西大西洋方面アフリカの英領ギニア沿岸に向かった。七月二十八日に最初の獲物を発見するが、これは、四七七二トンのブラジル船バルバコーナで午前七時十五分に撃沈した。それから一五時間後には二三四七トンのもう一隻のブラジル船ピアプを魚雷と浮上砲撃によって沈めた。以降四日間で二四四五トンのノルウェー船ビル、六〇九六トンの米船クランフォード、五八七八トンのノルウェー船ケンタール、そして八月一日には六〇八八トンの英船クラン・マクノートンを次々と沈めた。

英船クラン・マクノートンは七月二十二日に南アのケープタウンを出ると、風波は強いが天候と視界に恵まれた八月一日に、あと七八四キロの行程となったカリブ海のトリニダードへ針路をとって、一一ノットの速度でジグザグ航行をしていた時に突然二発の魚雷攻撃を受けたのである。

最初の魚雷は右舷の第四区画に命中したが、六秒ほど遅れて二発目が右舷艦橋下で爆発した。両方の爆発音は積荷に綿花を多く格納していたために鈍く、閃光はなかったが爆発が右舷側で海水を空中高く跳ね上げた。第四区画の梁とハッチは内部から吹き上げられて機銃座をなぎ倒した。船は激しく右舷に傾いたが第四区画に浸水は少ない模様で船の姿勢は安定していたが、船尾の方はすでに海水に浸かっていた。午後十二時二十分に退去が命ぜられて救命艇が降ろされたとき、船の中央部で爆発が起こり前部を残して沈み始めた。十二時三十五分に魚雷を発射したUボートが大胆にも浮上すると、艦橋に乗員が現われて救命艇を双眼鏡で監視していた。

沈められたマクノートンの船長がこの漂流を記録に残している。

『救命艇には二八名の乗員がいて、最初の夜は荒れていたが八月二日は微風に変わり気温が高く、我々はブランケットを天幕代わりにし、海水を手のひらですくって天幕に注いで暑さを防止した。日中あまりの暑さのために数名の乗員は海に入って凌いだ。非常食のペミカン（乾燥肉に粉末と乾燥果実を混ぜた保存食料）をビスケットの上に乗せて乗員に配った。英国の植民地からきた乗員は文句を言わずヨーロッパ人の乗員は食べなかった。だが、漂流が二、三日続くと我々は生きるために皆ペミカンに慣れることができたが、熱帯海域での漂流中に融けてどろりとしたチョコレートはだれも食べることができなかった。ただ飲料水は漂流五日目に豪雨が降って充分に得ることができた。

八月六日、付近を航空機が通過するが、我々の救命艇に気がつかずに上空を通過してゆき一同はがっかりしたが、やっと、八月七日にトリニダード島付近のトバゴ島の岸に着くことができ、この日の午後三時三十分に同島のカスタタラ湾から上陸して、地元の人々が我々に椰子の実のミルクにラム酒を混ぜた飲み物を与えてくれたが私は飲まなかった。しかし、数名の乗員はこの強い飲み物を飲んだために気絶してしまった。我々は数時間後に島の反対側で二四キロほど北にあるスカーバラへ二台のバスで運ばれ、その夜は皮肉にもかつてドイツ人が建てた小さなホテルで休養することができた。一等航海士の乗った救命艇は八月三日に救助され、三等航海士の乗った三番目の救命艇は米船に洋上で救助され、この二隻の乗員はトリニダード島のポート・オブ・スペインへ運ばれた」

1942年前半のカリブ海。Uボートの前に沈む貨物船が見える。

英船マクノートンを沈めたU155はUボート戦隊本部にタンカー撃沈成功の報を送り、監視の結果、トリニダード東方のタンカー航路が一週間単位で変更になることを知らせたのである。一九四二年八月三日、八〇〇〇トン級のタンカーに発射した魚雷が命中するが不発だったようでタンカーは逃げてしまい、しかも、この船が発信したSOSがE6船団で受信された。E6船団はトリニダード（カリブ海）からケープタウン

（南ア）に向かっていたが、この中に軍需物資を満載した七〇〇〇トン級の英船エンパイヤ・アーノルドが入っていた。八月四日にエンパイヤ・アーノルドは船団から離れて単独航行に入ると、好天のために素晴らしい視界の中を航海していた。午前十時二十五分に突然、波のうねりの中を進んでくる魚雷の航跡を発見するが、避退行動が取れないままに右舷エンジン室に命中して高い水柱が上がった。

続いて二発目の魚雷が爆発して煙突が右舷デッキに激しく倒れ込み、退船命令が出されて右舷前方の救命艇を海上に降ろした。この救命艇には船長と乗員二二名が収容され、もう一隻の右舷救命艇には二四名を収容することができた。一方、エンパイヤ・アーノルドは魚雷が命中してからたった七分後に、船尾から多数の積荷を海上にこぼしながら垂直となって沈んでゆき、周囲の海には積荷と残骸が多数漂っていた。

エンパイヤ・アーノルドの一等航海士がその様子をこう書き残している。

「私の乗った救命艇の右舷一八二メートルほど向こうにUボートが浮上した。Uボートの艦長の命令で救命艇をUボートの艦側に寄せると、艦長は私に船の名、トン数、積荷の内容を聴いた。続けて救命艇はどこへ向かうのかと訊ねたので私はケープタウンに向かうと答えた。さらに艦長は船の積荷の詳細を教えるようにと言ったが私は聴こえないふりをして答えなかった。さらに私が一等航海士だと知るとドイツに連行するためにUボートの船内に来るように命令したが私は従わなかった。今度は副長が艦橋から流暢な英語で同じ要求をしたほか負傷者があるかどうかを訊ねたので、私は乗員一名が酷く目と手を焼かれていると答えると、その負傷者を艦内に移して医療処置を施したのちに救命艇にもどした。

そのとき私の口から血が出ているのに気がついたUボートの士官が手当てのために艦内に来るように指示したが、手当ては不要だという意思表示をして救命艇を動かなかった。もう一度Uボートの艦長は私に充分な食料と水があるか、針路は分かっているかと訊ねた。私は大丈夫だと答えると艦長は五日ほどで陸地が見えるはずだし天気は良いから心配はないと述べ、最後に戦争のために船を沈めたことを詫びたので『これが最後であって欲しい』と答えると、艦長は『そうありたいものだ』と答え、これからドイツ本国に帰投するのだと言った。

Uボート乗員の士気は高く皆良く笑い陽気なように見えた。

私は期待していなかったが、Uボートの乗員に誰かタバコを持っているかと訊ねると、乗員の一人が艦内に急いで降りてすぐにタバコを一箱投げてくれた。そして、一人のUボートの乗員が海に飛び込んで救命艇の乗員を一名連れてUボートへ泳ぎ戻った。わが方の乗員は丁寧に扱われ、出身地を聞かれたので英国のジャロー（英国北部）だと答えると艦長はジャローなら良く知っていると言った。彼は続けて何発の魚雷が命中したのかを聞かれたので『命中したのは一発だ』と答えると、艦橋では数名の乗員がなにか激しく議論していた。やがて、Uボートの艦長はこの乗員をもう一隻の救命艇に移すと、同じようにもう一名の乗員を艦内に入れて裏付けをとるために同じ質問をした。しかし、この間に救命艇にいた船長を発見すると捕虜としてドイツ本国に連行すると言ってUボートの艦内に拘束してしまった。

Uボートの艦長は見たところ二四、五歳くらいで、髭は綺麗に剃って全ての乗員は茶色の短パンを身に付けていた。これらのできごとの間、赤、白、緑を黒色で縁取った迷彩塗装が塗られたUボートの艦橋では、四名の乗員が我々を完全に無視して大きな双眼鏡で水平線と空の境目をじっと監視していた。そして、一通りの尋問が終わるとUボートはその海域から去っていったのである。

洋上には二隻の救命艇が残り一隻は私が指揮しもう一隻には二等航海士が乗っていた。私は二等航海士に海上に浮かんでいる二隻の救命ゴムボートから食料と水を回収し、我々の救命艇から半分の乗員をゴムボートに移して全員がまとまるように指示した。そして我々の救命艇は一二名を乗せた二隻のゴムボートを牽引しながら六時間ほど進んだ。夕方の午後六時、やや波が荒くなり再びゴムボートの乗員を二等航海士の指揮する救命艇に収容し、私の救命艇の針路に従うように命ずると針路をトリニダードに取った。このあとの五日間は天候が良く北東の微風が吹いて、八月十日の午前七時四十五分に飛行機が飛ぶのが見え、急いで発煙筒を仕込んだ浮きを海上に浮かべて合図したが発見されなかった。

同日午前九時十五分に再び飛行機の爆音を聞いたので、もう一つの『発煙浮き』を海に浮かべるとこんどは上空の飛行機が気付いた。我々は食料と水が不足していたので一同で大きな歓声を挙げたが、その飛行機は低空飛行で我々を確認したのち東方へ飛び去っていった。翌日の午後六時ころ比較的近い距離に別の航空機が現われたが、驚いたことにこの飛行機は我々が海上に浮かべた『発煙浮き』に気がつかずに飛び去っていった。我々はしばらくがっかりしていたが一時間後の午後七時に船が現われ、我々は赤い信号弾を数発発射した。そして、八月十一日の七時三十分にやっとこのノルウェー船によって救助されたのである。漂流は八日と九時間で航海した距離は七六八キロになり、カリブ海の英領ケイマン島のジョージタウンに上陸できたのは八月十四日のことだった」

他方、U155は八月五日の朝、三八九トンの小型オランダ船ドラコを甲板砲の砲撃で沈め、八月九日にはケープタウンへ航空物資を輸送中であった八〇七一トンの英タンカー、サン・エミリアーノを撃沈した。この船はトリニダード島を出てから船団を離れて独航していたが、この日の午後七時三十分に八ノットで航行中に船首方向で明々と灯火をつけた病院船と交差した。タンカーは北方に向けてジグザグ航行をしながら二時間後に速力を一三ノットに増速した時に二発の魚雷が命中したのである。最初の魚雷は右舷艦橋下で爆発し、次の魚雷は二〇秒後に艦尾から一八メートルばかりブリッジよりのポンプ室で爆発した。

Uボートに撃沈され救命艇で漂流中を救助された船員たち。

この船の一等航海士が次のように語っている。

「私は自分の船室にいて、最初の爆発を聞いた時は急降下爆撃機の爆弾にやられたと思ったが、二発目の爆発で魚雷が命中したことを知った。最初の魚雷は船腹の深い位置で爆発して舷側がぱっくりと口を開き、デッキは気化したガソリンで覆われた。次いで二発目の魚雷が爆発するとわずか三〇秒ほどで、船尾にあるブリッジから前方へ向かって炎の波に包まれた地獄となり、ブリッジにいた乗員の生存の望みはなかった。私は左舷前方デッキに登ると数名の乗員が後に続き、まだ壊れていない前方の第二救命艇へ辿り着き、私が艇内に入り無線手がデッキ側でボートを降ろしたが、無線手は炎に焼かれて救命艇の側に落ちてきた。

海上になんとか浮かんだ救命艇には乗員七名がいて、本船に係留してあるもやい綱がもつれていて外すのにかなり苦労したが、救命艇を揺らすことでなんとか外すことができたのは幸運としかいいようがなかった。救命艇が本船を離れるとすぐに海面に流れ出たガソリンが広がり、これに火がついて付近一面は火の海となった。もし、もやい綱が解けなかったならば火の中で最後を迎えたことだろう。そして、船上からは燃える海に数人の乗員が飛び込むのが見えたが私たちには何もできなかった。

救命艇では実習生を含めた四名が艇内のオールを懸命に漕いで燃える海面から逃げたが、沈んだ船の位置から八〇〇メートルほど離れていた。しかし、その後、四名の乗員を海中から救助することができて生存者は一二名となった。実習生は全身にひどい火傷をしていたが、我々はそのときどの程度の火傷をしていたのかに気が付かなかった。実習生は陽気に歌を歌って皆を励ましながらオールを漕いでいたが、その手を止めたとき、我々は初めて彼が『手の骨』でオールを漕いでいたことを知った。そして、このあと、実習生の手をオールから離すのにナイフを使わねばならないほどの火傷を負っていたのである。それから三〇分後に左舷方向に点滅信号が見えたが、これはUボートであろうと思って懐中電灯でＳＯＳの信号を送ると点滅信号は闇の中にすっと消えてしまった。実習生と二等航海士は苦しい痛みの中で亡くなり、ほかに二名の乗員が火傷と傷害により死んだ。

八月九日の午前十一時に、航空機がまだ燃えている海域を低空で数回旋回飛行していたので、我々は急いでSOSの信号を送ったが気がつかずにまさに飛び去ろうとしたそのとき、乗員が信号に気がついて我々の上空に飛来してきた。そして、水のはいった樽を投下してくれたが海面に当たったとたんに割れてしまった。だが、この日の夕方六時三十分に別の飛行機が飛来するとパラシュートのついた水樽、食料、医療品、タバコ、そして、一四四キロ離れた英領ギアナ（現ガイアナ協同共和国・南米大陸北東部）の灯台船に向かうようにと指示書が入っていた。翌日午後七時に米輸送船が我々を発見して救助され、その翌日にパラマリボ（南米スリナム）に上陸することができた」

Uボートの魚雷攻撃により乗員四〇名が死亡したが、一七歳の実習生ドナルド・オーエン・クラークはその勇敢な行為を称えられ、ジョージ十字勲章（民間人の勇敢な行為に対する勲章）を授与された。

西大西洋ではこの二ヵ月間で七八隻もの船が沈められたが半分以上がタンカーだった。そうした犠牲となった英タンカー、サン・エミリアーノはU155に沈められたが、翌々日の八月七日に三八三トンのオランダの小型貨物船ストラボを八八ミリ甲板砲によって撃沈して一〇隻目の戦果となり、また、この哨戒における最後の獲物となった。

一九四二年八月十三日に大きな戦果を挙げたアドルフ・ピーニング大尉は騎士十字章を授

与されることになった。

しかし、これ以降のU155はつきが落ちてしまったようである。騎士十字章授与のニュースを聞いたあとの八月十六日に、蒸し暑いギアナ沖で米機の攻撃を二回受けて乗員一名を船外に失った。そして、八月二十日にはUボート戦隊本部に「バッテリーが損傷して潜航能力が落ちた」と打電せねばならなくなった。そこでバッテリーを修理するためにU510（注8—5）と洋上で会同して予備部品の補給を受けたが、修理することができず潜航不能となってしまい、Uボート艦隊本部は両艦を基地にもどすことにした。しかし、燃料が不足して九月四日に補給用UボートXIV型「乳牛」U460（注8—6）から中部大西洋で補給を受けるようにと命令が出され、九月七日に燃料を補給したあとU510に護衛され、東回り航路によってロリアンに無事帰投することができた。ロリアンにもどったU155は厚いコンクリート防護壁で囲まれたUボート・ブンカーに格納されて修理が行なわれたが、この間に三度も空襲警報が鳴り響き、英空軍は港湾の爆撃以外に港外にも機雷を多数投下していった。

一九四二年九月から十月にかけて北アフリカのアルジェとオランに連合軍が上陸するための兵員の輸送計画が立てられた。一九四二年十一月三日までに、英第8軍はエル・アラメインでロンメルのアフリカ軍団を駆逐することができ、ドイツ軍は崩壊してチュニジアへと大敗走を始めた。十一月六日にモントゴメリー大将（注8—7）は「北アフリカでの戦闘は完全な勝利をもって終わった」と発表した。

同年十一月八日に強力な連合軍の海上機動部隊により、一〇万名の兵員が北アフリカ沿岸のカサブランカ、オラン、アルジェに上陸して第二戦線を構築した。この作戦を支援する英海軍の空母五隻中の一隻がアヴェンジャーである。この艦は英国の商船六隻を米国において護衛空母に転換させたシリーズの二番艦で、アヴェンジャーとなる前はリオ・ハドソンと呼ばれていた。

北アフリカ上陸作戦（トーチ作戦）で、英国は多数のもと豪華船を改造し、兵員輸送船として投入、第2戦線を構築した。

実は護衛空母がその価値を証明して見せたのはウールワースであった。ウールワースは極北海域でPQ18船団の護衛として使用され、搭載された一二機のシーハリケーン（注8—8）が、船団攻撃に飛来してきたドイツ機六機を撃墜して船団の全滅を救ったからである。もっとも、このときは船団のうち一〇隻を失う損害を蒙っている。ともあれ、こうした有用性のために護衛空母がアルジェ上陸の船団護衛に用いられたのである。

これに対してデーニッツ大将は輸送部隊がジブラルタル海峡を通過せねばならぬことを知っていて、U155、U515、U103、U108、U411、U572、U173、U130（注8—9）をもって「シュラゲータ戦闘団」を編成して船団撃滅を図った。これに従い、U155は一九四二年十一月七日にロリアンを出て四回目の出撃を行ない、十一月八日に連合軍の北アフリカ上陸船団迎撃のためにジブラルタル西方に進出を命じられたのだった。十一月九日にシュラゲータ戦闘団のハインツ・ヒルザッカー艦長指揮するＵ572は哨戒線に達するのが遅すぎて、船団を阻止することができなかった。Ｕボートは一年前であれば昼間に潜航し夜間は浮上して目的地に急ぐことができたが、今や連合軍のレーダーの性能が向上して、昼夜間を問わずに潜航を余儀なくされたからであり、あらゆる海域においてＵボートの行動の自由が大幅に制限されていた。

　北アフリカの上陸戦は兵員揚陸艦によって将兵や物資が輸送されたが、こうした揚陸艦の中に米艦アルマーク、エトリック、サミュエル・チュースおよびウルスター・モナークがあった。アルマークは一四隻の上陸用舟艇を搭載しエトリックは対戦車中隊が乗船し、武装も強力で四一名の射手を乗せたほかに、航空機攻撃を阻止するための気球も搭載していた。一九四二年十一月十二日にこれらの揚陸艦は英国から地中海へ向かうＭＫＦ１Ｙ船団のなかにいて、十一月十四日にジブラルタル付近に到達した。船団は会同地点で四列となり、最初の船列はアルマークが先頭を行きウルスター・モナークは最後尾を航海した。二番目の縦隊は揚陸艦エトリックが将旗を掲げて遅れてやってきた護衛空母アヴェンジャーとともに先頭になった。三番目の船列は同じく遅れて配置についた空母アーガスとサミュエル・チェースが率い、全体の護衛には五隻の駆逐艦が配置されて、船団は北方のトラファルガー岬（スペインのイベリア半島）へと向かい、さらに岬の南で西方に針路を変えた。

　一方、ドイツ側は海軍情報機関のＢ―ディーンストが船団暗号の解読から、すでに輸送船団が出航する一二時間前に出航時間と到着時間をあらかじめ知っていた。この情報はアドル

U155は第10Uボート戦隊本部の置かれていたフランスのロリアン港へ、多数の「撃沈ペナント」を翻して凱旋帰投した。

フ・ピーニングのU155にも伝えられて船団が航行してくるのを待っていた。午後八時三十分に船団は再び針路を変えて月光の中でジグザグ航路をとって進んだが、このときの気象状況は風力三で天候は晴れていて、夜中の十一時三十分に再び針路を変更した。午前三時に船団の右舷方向で曳航弾が発射されるのが見られたが、これはU155から放出されたレーダー波を反射させる「欺瞞気球アフロディーテ」が駆逐艦のレーダーに反応して射撃したものだった。

視界の良い夜だったのでU155のピーニング艦長は、すでに船団を三六五〇メートルから四五〇〇メートルの距離で発見していた。ピーニングが空中に放った欺瞞気球へ駆逐艦が行なった射撃の五分後にU155は船団の左舷側へ雷撃準備のために急旋回していた。二隻の護衛艦が一五〜一八ノットで攻撃態勢に入るU155の上を通過したがまだ探知していなかった。U155の緊急旋回は結果的に艦の攻撃体勢をやや不利にしてしまったが、艦長は距離二七三〇メートルで艦首の四門の発射管から魚雷を発射して、すぐに深度二〇〇メートルまで急速潜航で避退していった。やがて、三発の魚雷の爆発音が聴こえるとともに短い通信信号も受信された。

このとき海上では大混乱が起こっていた。

すなわち最初の魚雷は第一列の先頭艦アルマークに命中すると数秒後に二列目のエトリックが被雷した。三発目は護衛空母アヴェンジャーに命中すると、魚雷の爆発によって輝くばかりの閃光が起こって船団を照らし出したほどだった。空母の後方で護衛任務についていた駆逐艦ウルスター・モナークの当直士官マイケル・アーウイン中尉は、魚雷が艦首を通過して護衛空母アヴェンジャーに命中し、燃料タンクと航空燃料を爆発させたのを見た。そのもの凄い爆発の瞬間に不幸なことに六七名の士官と四四六名の下士官と兵が死亡したのである。

揚陸艦エトリックに魚雷が命中した様子はほかの揚陸艦の艦長が見ていて、「魚雷の爆発は閃光となったが巨大な水柱は上がらなかった」と述べている。魚雷はエトリックの右舷船尾を破壊して第七区画のエンジン室付近で爆発した。この区画はすぐに海水が溢れ通路を流れてエンジン室に入り機関が停止した。後部兵員区画は完全に破壊されて一八名の兵員が犠牲になり、全ての電灯が消えると若干の非常灯を残して完全な闇になった。だが、船の傾斜はそう大きいものではなく、船体がかなり沈んだが平衡姿勢は保たれていたので、艦長は警鐘を鳴らして救命艇を海に降ろすように命じた。艦には九九人乗りの救命艇が六隻あり二隻のモーターボートにはそれぞれ三四名が、そして全部で八六名を収容できる二隻の災害救難艇と各四〇名を乗せる、突撃艇一〇隻があったが一隻は損傷していた。

午前三時五十分に艦長は総員退去を命じ、午前四時には全ての救命艇が海上に浮かべられた。そして、機関の爆発を防ぐためにエンジン室との間の防水扉が開けられて海水を導入した。その間に海水は艦の前方へも流入し、ついに午前四時三十分に艦長は退艦した。午前五時三十分にノルウェー駆逐艦グレースデールが、海上に浮かぶ二隻の救命艇と艦長の乗るボートから乗員を救助したのち、他の駆逐艦とともにUボートの捜索に向かった。のちにエトリックの艦長は「夜が明けた時艦はまだ浮かんでいたが、ひどく左舷に傾斜してゆき煙突の底辺も海水に洗われて艦首も海中に没していた。やがてゆっくりと艦首を上方に突き上げると垂直となって艦尾から沈没していった」と語っている。

護衛空母アヴェンジャー。本艦は連合軍の北アフリカ上陸戦時にU155により撃沈された。

この艦長は護衛空母アヴェンジャーの沈没の様子についても次のように述べている。

「アヴェンジャーが雷撃されたとき、我々はまばゆいばかりの巨大な閃光が数秒間船団を照らし出したのを見た。そのあと我々の救命艇はアヴェンジャーの生存者一二名を救助することができた。しかし、駆逐艦グレースデールがアヴェンジャーの周辺を捜索して生存者を探したが、発見したのは海上に浮かぶ多数の残骸だけだった。一方、もう一隻魚雷の命中した揚陸艦アルマークの乗員はまだ艦に残っていて、駆逐艦グレースデールが横付けとなって救出を試みたが、大きな波のうねりのためにうまくゆかなかった」

こうして、沈没した艦から救助した生存者の多くが駆逐艦グレースデールに乗って、一九四二年十一月十六日の朝九時にジブラルタル港に入ることができた。

この攻撃を行なったU155のアドルフ・ピーニング艦長は、ジブラルタルの西方四八キロの地点で魚雷攻撃により一万トンから一万五〇〇〇トン級の大型兵員輸送船三隻を撃沈したと打電し、魚雷発射後の三分二秒、三分二四秒、および三分二五秒に爆発音を聴いたと航海日誌に記録した。結局、六七三六トンの揚陸艦アルマークは沈没せずにジブラルタルへ牽引され、一万一二七九トンの揚陸艦エトリックと一万三三七八トンの護衛空母アヴェンジャーは沈んだ。しかし、U155のピーニング艦長は大戦中に空母アヴェンジャーを撃沈したことを知らなかった。そして、戦争が終わってからその時のことを次のように語っている。

「私は上陸船団の出港一二時間前にすでに編成情報をUボート司令部から受けとっていた。それによれば船団は一隻の護衛空母を含む八隻の大型輸送船から構成され、ジブラルタル沖に集合して午後七時に西回り航路で地中海の目的地に向かうという内容だった。狼群攻撃が計画されていたが、単艦行動中だったU155はジブラルタル海峡西方に位置していて、船団攻撃指令を受けるとすぐに戦闘行動に入った。私はまず捜索レーダーをかわすために欺瞞気球アフロディーテを海上に放出して艦の位置を秘匿した。やがて、欺瞞気球の付近で護衛艦が照明弾を撃ち上げ、砲火を集中しているのが観測されて欺瞞作戦が成功したことを知った。このとき、視界は非常に良く目標までの距離はおおよそ三六五〇～四五五〇メートルで攻撃準備中に二隻の護衛艦が一五ノットから一八ノットでU155の頭上を航過してゆき、発見されたのではないかと一瞬ひやりとした。

我々が船団を発見してから五分後に駆逐艦はU155の右舷方向で欺瞞気球を射撃して撃ち落とした、私はもっと接近してから魚雷を発射しようと潜望鏡で監視していると、船団が針路を変更したので距離二七三〇メートルにおいて艦首に搭載された四門の魚雷を発射した。

魚雷を発射すると私は緊急潜航を下令して艦は深度二〇〇メートルまで潜っていったが、そのとき三発の魚雷の爆発音を聴取することができ攻撃成功は疑う余地がなかった。そして、U155の水中聴音器は、海上における大型船の発する沈没時特有の騒音を多数聴取したが直接状況を見ることはできなかった。翌朝になって私はUボート司令部に対して船団に三発の魚雷を命中させたことを短いエニグマ暗号によって報告した」

長い哨戒作戦を終えて、母港に凱旋帰投する前に、艦橋に翻す「撃沈ペナント」を製作するUボート内の手空き乗員たち。

このU155からの短い通信は十一月十七日に英海軍ジブラルタル基地が傍受して方位が測定され、付近の全ての艦船と航空機にUボート警報が発せられるとともに、掃海艇や駆逐艦などが一帯海域を捜索して爆雷を投下したが、Uボートを撃沈することはできなかった。そして、U155は船団攻撃後に戦闘行動の自由を与えられて移動し、三日後にはジブラルタル西方で補給を受けるためにXB型のU118（注8—10）と会同した。十一月二十一日に両艦が洋上で合流するとユンカース社製コンプレッサーを用いてU118から給油が行われた。

U115は十一月二十四日まで海上で目標を発見することができず、反対に艦に装備したレーダー波逆探知装置が英哨戒機から発するレーダー波を頻繁に捉え、そのために昼も夜も潜航せざるを得なかった。しかも航空機による哨戒が絶えず行なわれているので、獲物を攻撃するには沿岸から離れて広い海域での行動が必要だと考え、自由戦闘の許可をUボート戦隊司令部から得たのである。

一九四二年十二月六日に中部大西洋で八四五六トンのオランダ船セロオークリーを魚雷で撃沈したが、これはON149船団のうちの一隻であり、この船の撃沈がこの哨戒作戦の最後の戦果となった。U155の乗員は一九四二年のクリスマスを洋上ですごしたのち、五本の撃沈ペナントを艦上に翻して第10Uボート戦隊の基地ロリアンにもどったのは十二月三十日となったが、新年の乗員への最大のプレゼントは入浴であった。

この日、デーニッツ元帥は機密日誌にこう記している。

「Uボートは海上交通破壊戦の主役であり、恐らくUボートがこの戦争で決定的な貢献をなすであろうが、大きな成功が最小の損害で達成されなくてはならない」

一ヵ月後になってもU155はまだロリアンに停泊していたが、五一歳のUボート艦隊司令官カール・デーニッツ元帥は、ヒトラーと確執を起こしたエーリッヒ・レーダー元帥の後を継いでドイツ海軍総司令官になったが、その後もUボート艦隊とはあらゆる面で関わり続けて密接な関係を保った。

一九四三年二月八日にU155は五回目の出撃を行なった。今度は大西洋を横断して米南部沿岸フロリダ海峡（フロリダとキューバの間）に向かったが、この海域で得られた一年前の素晴らしい狩りはもはや夢物語となったことを理解しなければならなかった。しかし、それまでにピーニング大尉自身二三隻を撃沈・撃破する戦果を挙げていたので四月一日に海軍少佐に昇進した。U155はこの日の早朝に一〇九一トンの小型ノルウェー船ライゼフィヨルドをメキシコ湾キューバの北方で撃沈し、翌日にフロリダ海峡に入って六八八二トンの米タンカー、ガルフステーツを魚雷で沈めた。この二隻の戦果をもって四月三十日にロリアンに帰投した。

一九四三年三月はUボートが大西洋で六五万トンを撃沈するという大きな戦果を挙げた月であり、それに知ったピーニング少佐は自らの戦果と比較しておおいに落胆したものだった。しかし、四月から五月にかけて連合軍のUボート攻撃は熾烈を極め、実に四一隻もが未帰還という最悪の事態となったのである。

一九四三年一月に行なわれた連合国のカサブランカ会議でチャーチル首相とルーズベルト大統領が、大西洋で活動中のUボートの全てと、ドイツ本国でUボートを建造する造船所の壊滅を戦争の第一優先目標に決定したことを見ても、Uボートがいかに連合軍の脅威となっていたかが分かろうというものである。こうした背景があって一九四三年五月末に、デーニッツ元帥は大西洋で危機に瀕した全てのUボートを引き揚げて体勢の建て直しを図った。このためにロリアンに停泊していたU155は出撃の機会が得られなかったのである。

一九四三年六月十日にU155は六回目の出撃をするが、ドイツの内庭ともいえるビスケー湾においても英空軍の哨戒機が主導権を持ち、ここを通過するUボートの攻撃を始めた。ビスケー湾はほとんど全てのUボートが出撃と帰還の際に航行しなければならず、ドイツ海軍にとっては重要な海域であった。このような連合軍の航空優勢に対してUボートは対空装備を充実させ、Uボート数隻が火力を集中することで空からの攻撃に対抗しようとした。しかし、航空機は水上の艦船に対してははるかに優位であり、武装の強化は一時的な効果が見られはしたが、すぐに連合軍はレーダーとリーライト（注8—11）の組み合わせによって、Uボートを暗夜の中で攻撃する対策を編み出して再び優位に立ったのである。

この日、数隻のUボートが出撃していったが、ラ・パリスからの三隻は無事ビスケー湾を通過して大西洋に出ていった。だが、ロリアンとブレストからのU155、U68、U159、U415、U634（注8—12）で狼群を編成する五隻のUボートはそううまくはゆかなかった。この戦闘団の各艦は翌日の朝までにオルテガル岬（スペイン・イベリア半島）に到達したが、ポーランド第307飛行隊の四機のモスキート機（注8—13）がUボート群を発見して攻撃した。U155とU68の艦尾方向から攻撃が始まり、Uボートは艦橋に装備された二〇ミリ連装機関砲（注8—14）をもってモスキートを迎撃した。ポーランド人パイロットの操縦するモスキートはUボートの艦橋に機関砲弾を撃ち込んだが、一番機はUボートの対空砲により左翼エンジンに命中弾を浴びて避退した。二番目のモスキートは降下攻撃に移ったが射撃の瞬間に機関砲が故障してしまい、他の二機は激しい対空砲の射撃により攻撃を控えた。

この空中からの攻撃でＵ155とＵ68は損傷したうえ乗員多数が負傷したので、六月十六日にロリアンにもどって四日ほど修理のために造船所に入った。六月二十九日に出撃準備を行なうＵ155が停泊するロリアン港へ、英空軍のウェリントン爆撃機が来襲すると港外に機雷をばら撒いて行き、Ｕ155は翌六月三十日に七回目の出撃となる中央大西洋に出航していった。それまでピーニング艦長は大西洋に入るための新たな方策を研究していたがこの機会に実行に移すことにした。あらたな航路とはビスケー湾を通過せずに欧州大陸のスペイン沿岸部を利用することだった。注意深くスペイン沿岸部から四・八キロの距離を保ちながら航行してゆくが、連合軍の艦載レーダーがスペインの北岸フィニステレ岬（イベリア半島先端）まで広がるピレネー山脈や、山、丘、崖などの障害物のためにＵボートを探知できないと考えたものだった。これは、もっとも危険なビスケー湾を通過しないですむという意味ではるかに良い方法であった。これによりＵボートは英国とジブラルタルから哨戒に出る、Ｕボート・ハンターたちの目をくらまして大西

ビスケー湾でＵボートに襲いかかるモスキート戦闘爆撃機。

洋に入ることができる機会が増加した。そして、実際にこの方策がうまくいったので、のちにUボート司令部や他の艦長たちに「ピーニング航路」と呼ばれて知られるようになったのである。

U155がこの航路を通過して大西洋に到着するとあらたな指令が待っていた。それははるか遠くのインド洋で活動する「モンズン戦闘団」のUボートに対する補給任務だった。実はこの戦闘団のⅨC型とⅨD型Uボートへ補給を行なうために、ⅩⅣ型（乳牛）補給潜水艦のU462（注8―15）がボルドーからインド洋へと向かったが、ビスケー湾を航行中に航空攻撃を受けて損傷し基地にもどってしまったからである。

一方、燃料の枯渇したⅦC型のU487（注8―16）は七月十四日にアゾレス諸島沖一一二〇キロの地点で一〇〇トン以上の燃料の補給を必要とし、他のモンズン戦闘団の各艦も最低四〇トンを必要としていた。この緊急事態に対して、まずアゾレス諸島付近にいたⅨC型のU160がU487に燃料を供給することになった。だが、不運なことに七月十三日に米護衛空母コアの艦載機がU487を撃沈し、翌日には護衛空母サンティの艦載機によってU160もまた撃沈されてしまった。

他方、カリブ海で活動中のU159も米海軍の哨戒部隊によって乗員もろとも撃沈され、燃料にゆとりのある艦はU155のみになってしまったという事情があったのである。いまや、一一隻あったモンズン戦闘団は五隻に減って南大西洋からインド洋に向かっていた。他方、Uボート艦隊司令部は補給潜水艦（乳牛）のU451（注8―17）とU462の二隻を七月三十日と八月四日にビスケー湾で失い、もう一隻の「乳牛」U489（注8―18）もまたフェロー諸島沖（北大西洋デンマーク領）で沈められて三隻を一挙に失うという致命的な一撃を蒙り、補給艦「乳牛」の全てが航空機によって撃沈されてしまったのである。結局、U155は七月二十一日と二十三日にU168、U183、U188（注8―19）の三隻にカーボヴェルデ諸島沖九六〇キロの地点で給油することができ、緊急事態を凌ぐと八月十一日にロリアンにもどった。

UボートへのXIV型「乳牛」が10隻建造され、大西洋やインド洋で活躍したが1943年半ばに全て撃沈された。

　連合軍の海上制圧の結果、Uボート艦隊司令部におけるわずかな期待はスペイン沿岸航路（ピーニング航路）を用いて大西洋に出ることだったが、沿岸海域に小さな漁船が多くいてUボートの航行が不自由であるという別な問題が発生していた。

　U155は一九四三年九月十八日にロリアンからブレストへ向けて移動する八回目の航海を行なったのち、九回目の出撃は九月二十一日にブレストから行なわれた。この哨戒作戦は中央大西洋に向かうものでピーニング艦長にとって最後の長い出撃となった。哨戒海域は南アメリカ北東海岸で十月二十四日に撃沈したのは、五三九三トンのノルウェー船シランゲルでギアナ（南米大陸北部で北方は大西洋）の北方であった。引き続いてブラジル沿岸からアマゾン河口を

Uボート基地を壊滅させる、全長6.4メートルのトール・ボーイ地震爆弾を搭載した英国のアブロランカスター爆撃機。

哨戒するが、一九四三年十一月二十三日に哨戒機の攻撃を受けて艦が損傷し、一九四四年一月一日にロリアンにもどった。この航海を最後としてアドルフ・ピーニング少佐は第7Uボート戦隊指揮官となり、同年二月に本部のあるサン・ナゼールに転任していった。ピーニングは戦後明らかになった護衛空母アヴェンジャーの撃沈を加えて、二六隻一四万一五二〇トンを沈めたほかに六七三六トンの揚陸艦アルマークを損傷させている。

ピーニング少佐の後任としてU155の艦長としてあらたに赴任してきたのは、一九三七年に海軍兵学校を卒業したヨハネス・ルドルフ中尉である。そして、新艦長に率いられたU155の一一回目の哨戒作戦は一九四四年三月十一日だった。この日、ロリアンを出て西アフリカに向かったが船を沈めることができず、ロリアンに帰る途中で英第248飛行隊のモスキートに襲われて艦が損傷するが、六月二十三日になんとかロリアン港に入ることができた。この月に連合軍のノルマンディ上陸戦が行なわれ、西ヨーロッパでのドイツ軍の戦況は不利となっていた。

このときU155には二六歳のルドウィグ・フォン・フライデブルグ中尉が艦長として赴任してきた。フライデブルグは別のIXC型の一艦だったU548（注8―20）で副長だった人物である。八月六日になると英爆撃兵団はドイツ本土の徹底的な戦略爆撃へ方針を転換するとともに、第617爆撃飛行隊の一二機のアブロ・ランカスター爆撃機による、ロリアンのUボート基地を爆撃する特殊作戦が行なわれ、二発の巨大なトール・ボーイ爆弾（注8－21）が厚さ三・五メートルのブンカーの屋根をぶち抜いた。さらに翌日には米第四機甲師団がロリアンの郊外に迫り、多くの港湾労働者は勿論のこと技術者もロリアンから四散してしまい、Uボートを移動させねばならなくなった。そこで、U155はロリアンを出るとシュノーケル装置を用いて潜航を続け、ノルウェーのクリスチャンサンに辿り着き、さらに一九四四年九月九日にクリスチャンサンを出航して十月十七日にフレンズブルグの基地に到着することができたが、これはひとえに熟練したフライデブルグ中尉の手腕によるものだった。

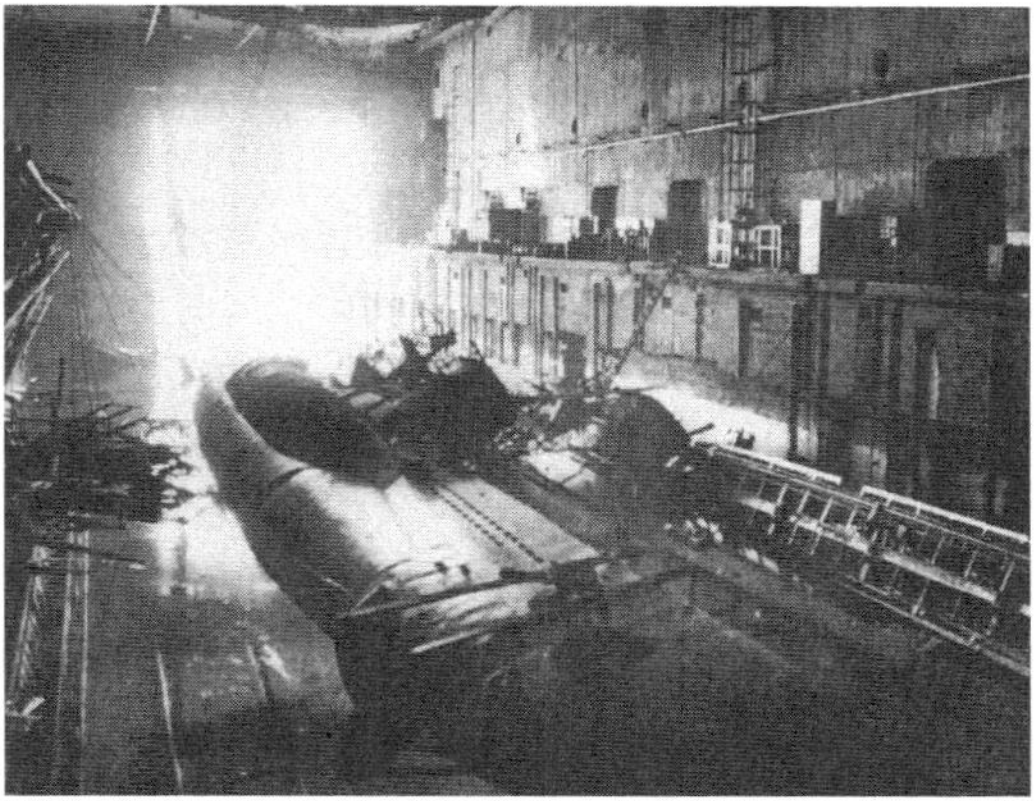

トール・ボーイ地震爆弾が天井のぶ厚いコンクリート層を破壊し、横倒しになったロリアン港のブンカー内のUボート。

　しかし、すぐにフレンズブルグを出てキールへ到着したのは十月二十二日で、キールは英空軍の爆撃を頻繁に受けてはいたが充分な設備がありここでU155は再装備に入った。しかし、艦長のフライデブルグ中尉は建造中だった新Uボートの艦長に転出し、代わってエルヴィン・ヴィッテ大尉が一九四四年十二月に再装備中のU155の艦長となった。が、大戦最後の年の一九四五年三月にU1227（注8―22）の艦長だったフリードリッヒ・アルトマイアー中尉が着任してU155をドイツ敗戦まで指揮した。だが、連合軍により海も空も制せられて、もはや哨戒作戦に出る機会はほとんどなくなっていたのである。

ドイツは敗れ、一九四五年五月六日にデーニッツ元帥は全Uボートに戦闘中止を指令した。アルトマイアー艦長はこの日、U155を連合軍の指令により、キールからフレゼリシァ（デンマークのユトランド半島）に運んで降伏したが、その後U155はスコットランドのライアン入江に運ばれて、一九四五年十二月二十一日にマリン岬沖でデッドライト作戦（注8―23）の名によって深海に沈められたが、U155は第4、第10、第33Uボート戦隊に所属して、哨戒作戦一〇回により空母一隻を含む二五隻（ほかに損傷一隻）一二万六六六四トンを撃沈した艦だった。

8―1 **ハインリッヒ・ブロイヒュロート大尉（のち少佐）**●一九〇九年生まれ。一九三一年、海軍兵学校卒業。U48およびU109の艦長をつとめ、二八隻一六万二一七一トンを撃沈して一九四〇年十月二十四日、騎士十字章、一九四二年九月二十三日、柏葉騎士十字章を受章。ドイツ敗戦時は第22Uボート戦隊司令官で一九七七年一月九日死去。

8―2 **U48（ⅦB型）**●一九三九年四月二十二日就役。艦長はヘルベルト・シュルツ大尉、ハンス・ルドルフ・ロージング少佐、ハインリッヒ・ブロイヒュロート大尉ほか三名が指揮し、実に五三隻三〇万四九八一トンを撃沈し四隻損傷の戦果を挙げた。一九四五年五月三日、ノイシュタットで自沈。

8—3　**フォッケウルフＦｗ190戦闘機**●クルト・タンク博士設計の単座戦闘機。二次大戦後半のドイツ空軍主力戦闘機で約二万機が生産されて英空軍を苦しめた。

8—4　**U558（Ⅶ C型）**●一九三九年二月四日就役。艦長はヘルベルト・クピッシュ大尉ほか八名で七隻二万四五四九トンを撃沈し一隻損傷。一九四一年以降は訓練艦となり一九四五年五月三日キールで自沈。

U162（Ⅸ C型）●一九四一年九月九日就役。艦長はユルゲン・ヴァッテンブルグ少佐で一三隻七万七六六二トンを撃沈。一九四二年九月三日、バルバドス諸島ブリッジタウンの南にて爆雷攻撃を受け浮上後、放棄沈没。

U158（Ⅸ C型）●一九四一年九月二五日就役。艦長はエルウィン・ロスティン大尉で一六隻九万一七七〇トンを撃沈し二隻損傷。一九四二年六月三十日、バーミュダ西南西にて爆雷攻撃で沈没。

U587（Ⅶ C型）●一九四一年九月十一日就役。艦長はウルリッヒ・ボルヘルト大尉で二隻六六一九トンを撃沈し一隻損傷。一九四二年三月二十七日、アゾレス諸島北北東にて爆雷で沈没。

8—5　**U510（Ⅸ C型）**●一九四一年十一月二十五日就役。艦長はカール・ナイツェル中佐ほか一名で一五隻八万五七一七トンを撃沈し九隻損傷。一九四五年十一月二十五日、フランスのサンナゼールで降伏。

8—6　**U460（ⅩⅣ型）**●補給艦「乳牛」で一九四一年十二月二十四日就役。艦長はフリードリッヒ・シャーファー大尉ほか一名で、西大西洋で補給任務につき、一九四三年十月四日、アゾレス諸島北方で、航空攻撃のあと潜航に失敗して喪失と推定。

8—7 **モントゴメリー大将**●バーナード・ロー・モントゴメリー元帥（一八八七—一九七六）は、二次大戦初期に英第八軍を指揮して北アフリカの戦場でロンメル元帥の独伊枢軸軍を破った。以降一九四三年のシシリー島上陸戦、イタリア戦、一九四四年夏のノルマンディ上陸戦など主要な連合軍の地上作戦の中心的野戦指揮官だった。

8—8 **シーハリケーン戦闘機**●ホーカー・シーハリケーンは大戦初期の英主力戦闘機ハリケーンの艦上機型で、一九四一年に空母に搭載されたが旧式となり短期間で姿を消した。

8—9 **U103（IXB型）**●一九四〇年七月五日就役。艦長はヴィクター・シュッツェ大尉ほか四名で四五隻二二三万一一九一トンを撃沈し三隻損傷。一九四五年五月三日、キールで自沈と推定。

U108（IXB型）●一九四〇年十月二十二日就役。艦長はクラウス・ショルツ少佐ほか三名で二五隻一二万七九九〇トンを撃沈。一九四五年四月二十四日、バルト海のシュテッテンで自沈。

U411（VIIC型）●一九四二年三月十八日就役。艦長はゲァハルト・リターシェイト中尉ほか一名。一九四二年十一月十三日にセント・ヴィンセント岬南南西にて航空攻撃で沈没。

U572（VIIC型）●一九四一年五月九日就役。艦長はハインツ・ヒルザッカー大尉ほか一名で六隻一万九三四三トンを撃沈し一隻損傷。一九四三年八月三日、パラマリボ（南米スリナム）沖にて航空機攻撃で沈没と推定。

U173（IXC型）●一九四一年十一月十五日就役。艦長はハンス・アドルフ・シュヴァイケル中尉ほか一名で一隻九三五九トンを沈めた。一九四二年十一月十六日、カサブランカ沖にて爆雷攻撃で沈没。

8―10
U118（XB型）●XB型は機雷敷設艦（のち補給艦）。U118は一九四一年十二月六日就役。艦長はヴェルナー・ツァイガン少佐で三隻一万六四トンを沈め三隻損傷。ほかにコルベット艦を撃沈。一九四三年六月十二日、アゾレス諸島南南西にて航空攻撃で沈没。

8―11
リーライト●英哨戒機に搭載された強力なサーチライトで開発者のリー中佐の名が付けられた。夜間、機載ASVMk2型レーダー（波長一・五メートル）で発見したUボートを高度七〇～八〇メートルでリーライトを投射し、高度一五メートルくらいに降下して爆雷を投下する効果的な攻撃方法だった。

8―12
U415（VIIC型）●一九四二年八月五日就役。艦長はクルト・ナイデ大尉とヘルベルト・ヴェルナー中尉で二隻一万四〇三トンを撃沈し、ほかに駆逐艦を沈めた。一九四四年七月十四日、ブレスト港にて触雷し沈没。

U634（VIIC型）●一九四二年八月六日就役。艦長はハンス・ギュンター・ブロジン中尉ほか一名で一隻七一七六トンを撃沈。一九四三年八月三十日、アゾレス諸島東南東にて爆雷で沈没。

8―13
モスキート機●英国の有名な木製高速双発戦闘爆撃機。英空軍のほか沿岸航空隊でも装備し、レーダーを搭載して空中爆雷やロケット砲とのコンビネーションでUボート制圧に威力を発揮した。

8―14
二〇ミリ連装機関砲●一九四二年後半以降、連合軍の航空攻撃が激化し、その対策としてUボートの艦橋付近を拡大（ヴィンターガルテン＝冬の庭と呼ばれた）し武装を強化した。主たる対空武装は二センチ砲だが、2センチFlak30型対空砲、2センチFlak38型連装対空砲、あるいは銃弾流で航空攻撃を阻止する2センチ四連装砲があった。ほかに高度三〇〇〇メートルくらいの中高度の攻撃機を制圧するために3・7センチFlakM42なども搭載された。

8—15　U462（XⅣ型）●補給艦「乳牛」で一九四二年三月五日就役。艦長はブルーノ・ヴォーベ中尉で中央、北大西洋で補給任務についた。一九四三年七月三十日にオルテガル岬（スペイン・イベリア半島）沖にて航空爆雷で沈没。

8—16　U487（XⅣ型）●補給艦「乳牛」で一九四二年十二月二十一日就役。艦長はヘルムート・メッツ中尉で北、中央大西洋で補給任務につき、一九四三年七月十三日、アゾレス諸島南南西で航空攻撃にて沈没。

8—17　U461（XⅣ型）●補給艦「乳牛」で一九四二年一月三十日就役。艦長はハインリッヒ・オスカー・ベルンベック中尉ほか一名で北、中央大西洋で補給任務についた。一九四三年七月三十日、オルテガル岬（スペイン）北西にて航空攻撃で沈没。

8—18　U489（XⅣ型）●一九四三年三月八日就役。艦長はアーダルベルト・シュマント中尉で、北大西洋で補給任務についた。一九四三年八月四日、アイスランド沖にて航空攻撃で沈没。

8—19　U168（IXC40型）●IXC40型は八七隻建造された燃料増加型。一九四二年九月十日就役。艦長はヘルムート・ピッヒ大尉で二隻六五五六八トンを撃沈し二隻損傷。一九四四年十月六日、ジャワ（インドネシア）のレンバン付近でオランダ潜水艦の雷撃により沈没。

8—20
U183（IXC40型）●一九四二年四月一日就役。艦長はハインリッヒ・シャーファー少佐とフリッツ・シュネーヴィント大尉で五隻二万六二五三トンを撃沈した。一九四五年四月二十三日にジャワ海で米潜水艦の雷撃で沈没。

U548（IXC40型）●一九四三年六月三十日就役。艦長はエベルハルト・ジンマーマン大尉ほか二名でフリゲート艦を撃沈した。一九四三年四月十四日、カナダのセーブル島南西にてヘッジホッグ爆雷で沈没。

8—21
トール・ボーイ爆弾●大戦末期に英国のバーンズ・ウォーリスが開発した二種の巨大地震爆弾のひとつ。グランド・スラムは全長七・七メートル、トール・ボーイは六・四メートルで、いずれも高々度から投下して地中深く入って爆発する。とくにランカスター機から投下されたトール・ボーイは、Uボート基地の分厚いコンクリート・ブンカーを破壊するのに役立った。

8—22
U1227（IXC40型）●一九四三年十二月八日就役。艦長はフリードリッヒ・アルトマイアー中尉でフリゲート艦を撃沈した。一九四五年五月三日、キールで自沈。

8—23
デッドライト作戦●Uボートはドイツ敗戦時に二一九隻が自沈した。残ったUボートはスコットランドのライアン入り江に集められ、連合軍に配分された三〇隻を除き一九四五年十二月に順次海没処分に付され、一連の作業を英軍はデッドライト（舷窓）作戦と呼称した。

第９章　Ｕ413と客船ワーウイック・キャッスル

二次大戦が始まった一週間後の一九三九年九月八日の金曜日に南アのケープタウン港から英国に向かう豪華客船ワーウイック・キャッスルは、まだ民間航路に就航していたころの派手な船体塗装のまま武装もなしに航海していた。

この船の船長は大西洋を航行中に浮上中のＵボート二隻を望見してこう記録している。

「我々の針路前方に浮上中の一隻のＵボートを認めたため、すぐにジグザグ航行に切り替えてしばらく進むと、もう一隻のＵボートを四～五キロ前方に発見したが、これは同じＵボートのようだった。我々は再びジグザグに航路をとりながら付近の英海軍艦艇に通報してＵボートの攻撃に備えたが、その後は予想に反して魚雷攻撃は行なわれなかった」

このもと豪華客船はそれから三年後に再びＵボートと遭遇したとき、今度は容赦なく魚雷によって沈められる運命が待っていた。戦争が始まると他の大型客船と同様にワーウイック・キャッスルも英海軍に徴用され、船体は戦闘艦と同じくグレー（灰白色）に塗り替えられ、船上には三門の一五・三センチ砲や一四梃のエリコン機銃、あるいは九梃のフランス製

二万107トンの元豪華船ワーウイック・キャッスルはU413に撃沈された。

オチキス機関銃のほかに、四基の爆雷発射装置も搭載された巨大な兵員輸送船に変貌していた。船にはこれらの搭載兵器を扱うために、一四名の海軍砲術手や銃手のほかに同数の陸軍の砲手が海軍士官に統一指揮され乗船していた。

遠く極東では、一九四二年（昭和十七年）二月十五日にシンガポールが日本軍に降伏し、このワーウイック・キャッスルが最後の引き揚げ船団の一隻として、撤退する兵員と資材を乗せて英国に向かい、途中インドのボンベイで貯蔵品も積載した。船はバンカ海峡（インドネシアのスマトラとスンダ列島の間）を通過中に日本軍機によって攻撃されたが、幸いに損傷もなく危険な海域から逃れて英本土の港に到着することができた。

それから九ヵ月たった一九四二年十一月初旬に、連合軍がロンメル元帥指揮する独伊枢軸軍をアフリカから駆逐すべく、北アフリカの海岸に上陸する「トーチ作戦」が行なわれ、ワーウイックは兵員輸送船となって上陸部隊を輸送した。

その後、英国に戻る途中、ポルトガルのリスボン沖の大西洋でUボートの魚雷によって撃沈されたのである。

この巨大な兵員輸送船を攻撃したのはU413（ⅦC型）で、ハンブルグ生まれで二五歳のグスタフ・ポーエル大尉が艦長として指揮をとっていた。副長は同年齢のディートリッヒ・ザクセ中尉で、一九四四年四月から本艦の二代目艦長となった。U413は一九四二年一月十五日にダンチヒャー・ヴェルフト造船所で進水し、同年六月三日に就役してキールの第8Uボート戦隊に配属されていたが、十月二十二日に最初の哨戒任務に出撃する途中デンマークの基地に入り十月二十八日に北大西洋へと向かった。

一九四二年十一月十二日、二万一〇七トンのもと豪華客船ワーウイック・キャッスルは北アフリカの上陸部隊を輸送した後、真っ赤な英国商船旗を翻しながら地中海のジブラルタルを出港して英国のクライド湾に向かって航海していた。船団は一四隻が六列になって航行し護衛駆逐艦六隻が周囲を固め、バイターとダッシャーの二隻の護衛空母機が空から哨戒活動を行ない、その空母は別に八隻の駆逐艦によって護衛されていた。そして、この日の午後二時四十五分に護衛空母上で短時間の船団会議が開かれた。空母バイターに乗船する船団指揮官と駆逐艦の艦長たちは、護衛体勢について短い打ち合わせをすませたのち船団は予定どおりに進んでい

ワーウイック・キャッスルを撃沈したU413の艦長グスタフ・ポーエル大尉。後に騎士十字章を受章した。

った。しかし、英国海峡へ向かう海峡近接航路には多数のUボートが待ち伏せている危険な航海であることを、船団の船長と護衛艦の艦長たちは良く知っていた。

十一月十二日の夜の天候は良かったが、翌十一月十三日午前中の風力は六～七となり夕方には強風が吹き荒れ駆逐艦に大波が襲いかかり、船団の速度を一二ノットから一三ノットに維持するのがやっとという状態になり、小さな護衛艦の対Uボート戦闘能力は著しく低下した。巨大な波によって駆逐艦アカテスはマストの頂を失い、もう一隻のエスカデールは潜水艦探知用のアスディックのドーム部を破壊され、艦上に搭載していたモーターボートは海上に投げ出され、一緒に航行していた駆逐艦アルブライトンもアスディック探知機が作動しなくなった。

このように荒れた海では駆逐艦のアスディックによるUボートの探知能力はほとんど発揮できず、船上は激しい波浪に覆われて海上見張りも効果がないほどだった。ことにハント級駆逐艦では前方搭載火砲が使用できず、艦尾の武装は激しい上下動によって正確な照準などとても期待できなかった。ひどい嵐の中を航行中に凄まじい雨が風とともに吹き荒れて視界はゼロとなったが、午前八時四十七分に船団指揮官が発光信号を発して「駆逐艦ウィンチェスター・キャッスルからの報告によれば、方位二七〇度、距離一二・八キロの地点でUボートが潜航に入った。注意せよ！」と警報を知らせてきた。

そのとき、一一ノットでジグザグ航行中のワーウイック・キャッスルの左舷から緊急警報を意味する、二発のロケット信号弾が打ち上げられたのである。

そしてワーウイック・キャッスルの一等航海士が残した記録にはこう書かれている。

「午前八時五分に本船の左舷、第二、第三区画に魚雷が命中したが誰も魚雷の航跡を発見できず、また、Uボートに対して砲火を開いた銃座もなかった。この最初の魚雷命中はそれほど大きな爆発に思えず舷側に大きな水柱も立ち上らなかった。また、見張所の右にあった二ヵ所の大きなハッチが内部爆発で吹き飛ばされたにもかかわらず、船内から噴出する火炎は見られなかった。爆発を見て私は船内の下方に急いで向かうと、第三区画はすでに海水で一杯になっていたが、船腹やデッキの亀裂、あるいは大きな破口は見られなかった。私は機関室のエンジンを停止させると全乗員に、あらかじめ定められた緊急集合場所に行くように指示して救命艇を海上に降ろさせた。そのとき午前九時に二番目の魚雷がもう一度左舷に命中して大きな爆発と衝撃が起こり、火炎は見えなかったが巨大な水柱が上空に立ち上った。これは、二番目の魚雷が最初の魚雷の破口から入って船内で爆発したものと思われるが、このときも魚雷の航跡は見えなかった。

英海軍に徴用されて任務につくワーウイック・キャッスル。

二番目の魚雷の爆発では前方マストが折れて落下し、付近の構造物の全てが破壊された。船の姿勢もすぐに左舷側にひどく傾斜していった。第二区画の貨物室にも海水が奔流のように流れ込んで午前九時五分に船長は乗員に『退去』を命じたので、私はエンジン室の乗員に船内電話で急いで船からの退去を指示した。幸いなことに船の救命艇は破損もなく無事だったが、船が左舷方向に激しく傾斜したので救命艇を降ろすことはかなり難しかったが、なんとか全てを海上に浮かべることができた。左舷の傾斜はどんどんと増して、私は九時二十分に緊急縄梯子を伝って海上に降り、波浪の中に浮かぶ救命ゴム・ボートまで泳いで行ったが、私が船を去った最後の一人となった。このときブリッジに立っていた船長を見たがそれが最後の姿となった。

私自身は船の沈む瞬間を見なかったが十時十五分ころに船首部分から沈没したと思われる。私は荒天の中で激浪に揉まれて二時間以上もゴム・ボートに必死にしがみついていたが、幸いにも駆逐艦アカテスに救助された。

私が救助された最後の一人となったが、駆逐艦ヴァンシッタタートと、英仏海峡横断船から救命船に転換された汽船ヴァレンチナが、荒天のために広い範囲に散らばった救命艇やゴム・ボートから多くの乗員を救出した。大きな波が救命艇、ボート、あるいはゴム・ボートの上から襲いかかる状況の中で、小さないかだや浮きにつかまった多数の人々が波間に消えて溺死したが、このような激浪の中で生き残ることは至難の業だった。駆逐艦エスカデールとヴァンシッタタートはUボートの攻撃に派遣されて、船団が見えなくなるまで捜索が続けられ、のちに駆逐艦エスカデールも加わった。駆逐艦レインスターは沈没海域で救助にあたり、一五〇名を荒天の中で海上から拾い上げ、駆逐艦アカテスは一四〇名を救助したが、魚雷で沈没したワーウイック・キャッスルは爆発と荒れた海上により、不幸にも二九五名の乗

攻撃目標の発見と航空機を警戒するUボートの哨戒員たち。

員と一三三名の将兵を失ったのである」

一方、海中から魚雷を発射したU413のグスタフ・ポーエル艦長は、船団のどの船を撃沈したのかを承知していて、攻撃の詳細を第6Uボート戦隊本部に報告した。やがてこの戦果を土産に一九四二年十一月二十五日にフランスのブレストに入港したが、折から港は英空軍による爆撃を受けるがU413に損害はなかった。

いずれにせよ、就役したばかりのUボートでしかも最初の哨戒作戦において大型の兵員輸送船を撃沈したのは珍しいことであった。U413の乗員はブレストにおいて一九四二年のクリスマスを陸上で迎えたが出撃準備が続けられ、十二月二七日にブレストから二回目の出撃を行なった。目標は北アメリカから英国に向かう船団を狙うことであった。このような船団の一つがSC117でニューヨークを出港して二日後には数隻がカナダのハリファクスに向かったが、ほかの二九隻の船は規律正しく船団を組んで航行していた。船団中の三五五六トンのギリシャ貨物船マウント・マイカルは黒煙を上げ過ぎ、他の船は煙突から火花を出し、遠距離からUボートに発見される恐れがあって船団指揮官をいらいらさせていた。

年が改まり一九四三年一月二十日に、船団は南南西の激しい強風と猛吹雪をついて航海していたが、数隻はひどい天候のため命令がないのに停船してしまい船団のコントロールができなくなってしまった。そこで、しかたなく船団指揮官は船団全体の停止を命令したのである。ひどいブリザードによって船団の船と護衛艦は氷で白く覆われてしまい、夜間であっても発見されやすい目立つ存在となった。翌日の午後になって指揮系統が回復して船団は再び航行を開始した。だが、その二四時間後に米海軍司令部から発せられた狼群攻撃警告によってUボートの存在を知らされたのである。

この夜、英海軍の電波方位測定システムの「ハフダフ」が、Uボートの発信する電波を測定して船団の両側にUボートが存在することを警告してきた。他方、嵐の中で落伍したギリシャ船マウント・マイケルはU413の魚雷攻撃を受けて沈没しながら潜水艦攻撃を示すSSS信号を発信し、これは深夜十時五十三分に船団指揮官の通信室でも聴取されたが、信号はすぐに消えてしまった。一方、この翌日にU624（注9―1）が船団から落伍していた五一一二トンの英船ラッケンビーをグリンーランド沖で沈めたのでSC117船団は二隻を失ったのである。

もう一つのSC118船団は総計六三隻で編成されていたが、一九四三年二月五日にU262（注9―2）が最初に攻撃し、翌日にポーエル艦長のU413が五三七六トンの米船ウェスト・ポータルを撃沈した。続いてU402（注9―3）が執拗に追跡と雷撃を行なって八隻を沈めたが、その中には懸命に乗員救助を試みていた英駆逐艦ツワードも含まれていた。こうして、船団中の一三隻が二〇隻で構成される「ハウデゲン戦闘団」のUボート狼群攻撃によって海底に沈められたのである。しかし、Uボート側にも損害があり、U265とU624（注9－4）は撃沈されてしまい、他の二隻も甚大な損害を蒙った。ともかくも、一九四三年二月十七日にU413は三回目の哨戒作戦を終えて、二隻の撃沈を示す小旗を艦橋に翻してブレストに無事戻った。

この年の三月中は同僚艦が大西洋で船団を攻撃して大きな戦果を上げた時期だったが、U413の乗員は長い航海のあとを陸上で休養していた。だが、三月二十九日、快晴の空のもとを再び北大西洋に向かって出撃していった。この哨戒作戦は六月十三日まで四五日間におよぶ長期行動であったが攻撃はたった一回のみだった。それは四月二十五日の午後にアイスランド南方で哨戒中に大型船へ雷撃を行なったのち、潜航避退中に連続爆発音を聴取したが、これは魚雷の航走が一定距離を走ったのちに自爆した音だった。一九四三年五月は大戦果を得た三月とは大違いで、この月だけで連合軍の攻勢によりUボート四一隻を一挙に失った憂慮すべき時期だったが、U413は幸いなことにこの犠牲艦の仲間に入らず、狼群攻撃の一艦として活動したのち六月十三日にブレストに戻ってきた。

一九四三年夏、連合軍はビスケー湾において海空の連携捜索を強化していた。そんな中でU413は同年九月四日に大西洋へ出撃したが一〇日間ほどでブレストに再び帰った。U413はそれから二週間後の一九四三年十月二日に七回目の出撃を行ない北大西洋に向かったが、二三日間の哨戒作戦はなんらの戦果を生まず十一月二十一日に再びブレストにもどらねばならなかった。しかし、この時期、英空軍が頻繁に夜間空襲を行なってドイツの諸都市は次第に灰燼に帰していた。首都ベルリンの市民は連日の空襲に脅えていて、Uボートのように「家ごと」海に出られたらどんなに良いだろうと思ったと一市民が述べたほどだった。折から爆撃は首都ベルリンに集中されていたため、この時期のブレストは比較的静かであり停泊中のUボートの乗員にとってはおおいなる休養となった。

U413はこの時期に遠距離通信が可能なメートル波受信器が搭載された。そして一九四四年一月二十六日に八回目の哨戒作戦のために北大西洋へ向かい、シリー諸島（イングランド南西部にある一四〇の小島群）海域で活動した。目的はポーツマスとブリストル水道（イギリス南西部の入り組んだ入り江）に入って沿岸航路の状況を調査することだった。また、この出撃では新兵器ツァーンケーニッヒ音響誘導魚雷（注9—5）が搭載された。この魚雷は推進器音など目標が発する騒音を追尾する新型魚雷であり、U413は一九四四年二月十一日の夜、貨物船に向かって二発を発射したが命中せず、発射後一一分から一二分後に一定距離を航走したあと自爆してしまった。そして、翌日、英国の北方コーンウォールの沿岸部に向かい、ここで発見した最初の獲物は船団の船ではなく英海軍のUボート狩りを行なう駆逐艦ワーウィックであった。最初に述べたがU413が沈めたのは、もと豪華客船だったワーウィック・キャッスルであり、今また沈めた駆逐艦の名もワーウィックでこれは全く偶然の出来事だったのである。

ワーウィックは旧式な排水量一一〇〇トンの駆逐艦であるが、一九一七年の末にホーソン・レスリー造船所で進水し、完成したのは翌一九一八年三月である。折から一次大戦中であり、四月にロジャー・キーズ提督の旗艦としてゼーブルッヘ（ベルギー北西部ドイツ海軍の英国攻撃基地で英海軍が港の入り口を閉塞した）襲撃を行なった艦だった。その後、オステンド（北海に面したベルギーの港）でドイツ艦隊の封鎖任務についている時に触雷し、損害を受けてドーバー海峡にやっと辿り着いて生き残ったという強運な艦だった。戦争中期の一九四三年一月から五月まで駆逐艦ワーウイックは、ダンディ（スコットランド・グラスゴーの北東）の造船所で長距離護衛艦に改装されたが、大西洋の長距離船団護衛任務を果たせるように、ボイラーを撤去してそのスペースに燃料タンク区画が増設されたものだった。この駆逐艦ワーウイックは一九四三年二月十五日に、アルドロッサン（イングランドのクライド湾にある港）を出て四日後に一次大戦型駆逐艦のシミターとともにUボート捜索に加わったのである。その日の夜、午後九時から午後十時の間に、漁船の船長がトレヴォース岬（コーンウォール州のケルト海に面した岬）沖で隠密裏に行動中のU413を発見したが、操業が忙しくて海軍に報告をしなかった。

ビスケー湾を浮上航行中にレーダー探知によって、攻撃を受けるUボート。突然の攻撃により、失われた艦も多かった。

ドイツ海軍によるこの海域の調査は一九四〇年に一度行なわれただけだったので、航路の変化を知るためにU413が送られて二回目の調査が行なわれたのである。航路調査はペンディーンとトレヴォース岬の間で行なわれたが、折から、多数の漁船が

哨戒作戦中のU413。後に豪華船ワーウイック・キャッスルと同名の駆逐艦ワーウイックを偶然に撃沈することになる。

この海域の西方六・四キロ付近でトロール漁業やカレイ漁を行なっていたので、この中に紛れ込んで英側のレーダー捜索をまぬがれていた。

これらの漁船は英軍の哨戒行動中レーダー探知に深刻な影響を与えていたので確実性の高い空からの哨戒活動も行なわれていた。二月二十日の午前八時十五分に駆逐艦のアスディックに反応があり爆雷攻撃が行なわれたが、これは浅瀬に群れる魚群と判明した。爆雷で海上に浮き上がった多数の魚はバケツで駆逐艦の調理室に運ばれて乗員の思わぬ新鮮な食料になったりした。午前十一時三十五分に駆逐艦ワーウイックのアスディックの聴音員は、トレヴォース岬から二四キロほどの南方で受信機の微妙な調整を行なっていた。その時、突然に起こった物凄い爆発はまるで弾薬庫が爆裂したようで、ワーウイックは艦橋付近の隔壁を境にして真っ二つに折れてしまった。浮力のあった前方部分と船尾部分にあったエンジン室が含まれる区画は浮かんでいたが、四分ほどのちに船内隔壁の破壊により突然転覆すると空転する推進器を海上に突出させていたが間もなく沈没し、生存者は艦長を含めて九三名だった。この爆発を見た他の駆逐艦シミターとウェンスデールは、これはUボートの攻撃に違いないと判断すると、沈没地点の南西方向一・六キロの海域をアスディックによって入念に捜索を開始した。

当初、海軍省は駆逐艦ワーウイックの爆発は、英、独いずれかの海峡機雷、あるいは弾薬庫内の内部爆発、または可燃性の貯蔵物や酒庫爆発などが原因の一つだと考えた。だが、海上でUボートを見たという漁船の船長の話があとで報告されたことによりUボートと判断されたのである。こうして、Uボートは巧みに漁船と混ざって海上を行動し、結果において「鼠」が「猫」を食べてしまったのである。

U413に英国沿岸において撃沈された駆逐艦ワーウイック。

U413のグスタフ・ポーエル大尉は駆逐艦撃沈をUボート司令部に送信すると翌日に西方へと移動するが、次の攻撃では失望を味わうことになった。この日の夜中の攻撃は駆逐艦と貨物船を狙って新型のFAT誘導魚雷（注9―6）を発射したが、二分三五秒後と一三分後に方向を変えた魚雷が爆発した音を聴取したが、失敗だったのは明らかだった。U413は駆逐艦ワーウイックを撃沈したので、すぐにUボートの捜索に飛来するであろう敵哨戒機を避けるために深く潜航して現場海域から次第に遠ざかっていった。三月二日、乗員たちは帰路の途中でグスタフ・ポーエルの騎士十字章受章を祝い、それから六日後の三月二十七日にブレストに無事到着することができた。

一九四三年四月、グスタフ・ポーエル大尉には訓練機関への移動が待っていた。代わってディートリッヒ・ザクセ中尉が赴任したが、彼はかつてU413の副長を務めたことがあり、のちに艦長コースを終了してU1162（注9―7）の艦長を三ヵ月務め、その後ノイシュタット（ドイツ西部）で訓練艦U28の艦長となり、それからU413に移動してきたのである。このようなわけで古い乗員はザクセのことを良く知っていたが、Uボート艦長としてはどちらかというと不運なほうであった。

U413が「ラントヴィルト戦闘団」の一艦としてブレストから九回目の出撃をしたのは、連合軍がノルマンディに上陸した一九四四年六月六日であり、連合軍はドイツ軍の活動を抑えるために空から戦闘爆撃機が地上軍を叩き、海では多数の哨戒機と駆逐艦・哨戒艇が活発な活動をしていた。二日後にセント・デーヴィッド岬（英国ウェールズの南西部でセント・ジョーンズ海峡に突出した岬）から哨戒飛行を行なう、第502飛行隊のハリファクス機（注9―8）のパイロットだったF・フレディがU413を海上で発見して攻撃した。対空砲を増強したU413も激しく応戦した結果、右舷エンジンを損傷したがうまく逃れることができ、一九四四年六月九日に修理のためにフランスのブレストにもどった。

フランスでは連合軍の大陸侵攻部隊とドイツB軍集団との間で激しい戦闘が繰り広げられていた。これに呼応して沿岸航空隊は徹底的にUボートの捜索を行ない、大西洋に展開していた三七隻のうち二四隻に攻撃が加えられた。Uボートは強化された対空機関砲をもって反撃したが四日間に六隻が沈められ、ほかのUボートも大なり小なり損害を蒙った状況であり、U413が生き残れたのは幸運というべきであった。U413はブレストの分厚いコンクリートで覆

連合軍のノルマンディ上陸により、Uボートはフランスの基地を失った。

われ、入り口を防潜網で防衛したUボート・ブンカーに入って出撃準備を整えた。一〇回目となる最後の出撃は英国海峡に向かい一九四四年八月二日に出航した。その三日後に重量三・六五トンというトール・ボーイ地震爆弾が第617爆撃隊スコードロンのランカスター機によってブレストに投下された。この巨大爆弾数発がブンカーを直撃したが、U413はこのときすでに海峡への哨戒海域に到達していた。

ノルマンディ上陸戦は「オーバーロード作戦」と称され、海軍関係の作戦は「ネプチューン」と呼ばれていたが、英海軍は海峡海域でのUボートの撃滅に全力をあげていた。八月八日にU413はこの海域で行動していたが八月六日にはU736（注9－9）が、そして八月十五日にはU741（注9－10）が駆逐艦に撃沈された。それでもU480、U764、U989（注9－11）、そしてU413の四隻のUボートが英国海峡を通過して増援上陸軍を送り込む船団攻撃を意図し、U413がETC72船団を攻撃する最初のUボートとなった。この攻撃で八〇〇〇トンの輸送船を沈めたとザクセ艦長は判断したが、実際に沈めた船は二三六〇トンのセント・エノガットで、雷撃は八月十九日の午前十時五十五分であった。

この船団攻撃によってUボートの位置は特定され、護衛艦による激しい攻撃が行なわれたがこれはかわすことができた。だが、駆逐艦フォレスターはU413の捕捉に執念を燃やし、執拗にアスディックで現場海域を捜索して翌日の朝にコンタクトを得ることに成功した。この結果、他の駆逐艦が集められ、ウェンズレーデルとメイブレークおよびヴィデッテの三隻がU413の攻撃を開始した。撃沈された駆逐艦ワーウイックは旧式艦でありヴィデッテは新造艦で対Uボート戦装備に優れた艦であった。事実、すでに一年三ヵ月の間にU125、U274、U292（注9―12）を沈めたベテラン・ハンターだった。この駆逐艦ヴィデッテはシァーネス造船所で搭載された新兵器ヘッジホッグ爆雷を食らわせようとUボートへ迫っていった。

駆逐艦ヴィデッテが二〇ノットの速度で航走中に距離一九一メートルでUボートを捕捉した。その位置はビーチー岬沖（英南東部サセックス沿岸で英国海峡に突出する岬）である。八月二十日、午前八時二十四分に駆逐艦フォレスターも確実なコンタクトを得て両艦は協同してUボートを追い詰めた。フォレスターの探知機は深度二七・五メートルから五八・六メートルの間の海中に「Uボート」がいることを示し、駆逐艦ウェンズレーデルもまたUボートの存在を確認した。そこで、まず駆逐艦フォレスターが水中を四ノットの速度で北方へ進むと思われるUボートに爆雷攻撃を行なった。他方、駆逐艦ヴィデッテはヘッジホッグ爆雷の発射準備をして待機していたが、折から激しい雨が降ってしばらくの間全艦の視界が失われ攻撃は中止された。

午前九時三十四分に待機していたヴィデッテが攻撃を開始し、ヘッジホッグ爆雷が目標の前方針路に投射された。やがて、駆逐艦ウェンズレーデルが海中で起こったと思われる爆発を探知すると、その一三分後に爆発で沸き立つ海面に軽油が浮き上がり、爆雷攻撃が非常に正確であったと判断された。続けて駆逐艦ウェンズレーデルが爆雷を投下したが、これは五発ごとに発射する「ダイアモンド・パターン」と称する方法で、信管深度を三〇・五メートルと四五メートルにセットしてあった。この結果、ディーゼル油膜が海面上に幾つも現われ大きな気泡も一緒に上がってきた。

ヘッジホッグ爆雷を活用させた英国の駆逐艦ヴィデッテ。
U413を追い詰めて撃沈させた駆逐艦群の中の一隻だった。

　そのときである、まさに突然にUボートの乗員一名が海面上に浮かんできたのである。この乗員は駆逐艦ウェンズレーデルによって救助されて奇跡的に助かり、駆逐艦上でUボートの状況を尋問され「Uボートは激しく破壊された」と述べたが、駆逐艦ウェンズレーデルの艦長は徹底的に破壊するまで攻撃を続行するべきだと決心した。駆逐艦の艦橋に備えられたスピーカーからは聴音機で捉えた音を拡大して乗員の士気を高めるために流していたが、Uボート艦内のタンクに空気をブロー（排気）する音まで放送された。今度は午前十時四十五分に駆逐艦フォレスターが爆雷攻撃を行ない、U413は致命的な打撃を与えられて海上に浮かぶ油膜の量は増加し、その上に駆逐艦ウォッチマンも攻撃に加わってきたが、もはや海中のUボートは完全に破壊されていたのである。

イギリス海峡に臨むブライトン南方で最後に行なわれた駆逐艦ウェンズレーデルの攻撃による、とどめの一撃は確実であり、U413の艦長室や士官室の残骸、衣類、個人用品のほかに機密書類まで浮かび上がり、それはUボートが海中で完全に破壊されたことを物語っていた。

まさに奇跡という言葉はこのようなことのためにあるのではないかと思えるような、たった一名のU413の生存者は機関長であり、彼は前方魚雷室に入って爆雷の被害状況を調べていたが、浸水と水位の上昇が非常に早くて艦から脱出する方法は一つしかなかった。それは、前方にある脱出ハッチから深度二七メートルで潜航中の艦から海上に浮かび上がることであったが、偶然に爆発の衝撃により大きな空気の気泡とともに海上に浮き上がったものだった。さらに彼の脱出中に爆雷が投下されなかったのは実に幸運であったというべきである。

最初の艦長グスタフ・ポーエル大尉は、四隻三万一三九トンを撃沈して騎士十字章を受章したが、大戦末期にはミュルヴィックの海軍兵学校の生徒中隊を指揮していた。また、U413は沈没するまでに八隻三万一三九三トンとほかに駆逐艦一隻を撃沈したのだった。

9—1　U624（VIIC型）●一九四二年五月二十八日就役。艦長はウルリッヒ・グラーフ・フォン・ゾーデン・フラウホーフェン大尉で四隻二万二八八九トンを撃沈し二隻損傷。一九

9—2　四三年二月七日、大西洋上のロックオール島西南西にて航空攻撃で沈没。

9—3　**U262（Ⅶ C型）**●一九四二年四月十五日就役。艦長はギュンター・ジープシュ大尉ほか三名で三隻一万三〇一〇トンを撃沈。ほかにコルベット護衛艦を沈めた。一九四五年五月初旬、降伏。

9—4　**U402（Ⅶ C型）**●一九四一年五月十二日就役。艦長はフライヘァ・ジークフリート・フォン・フォルストナー少佐で一四隻七万四三四トンを撃沈し三隻損傷。一九四三年十月十三日、アゾレス諸島北方で航空魚雷にて沈没。

9—5　**U265（Ⅶ C型）**●一九四二年六月六日就役。艦長はレオンハルト・アウフハッマー中尉。一九四三年二月三日、航空攻撃で大西洋上のロックオール島西南西にて沈没。

9—6　**ツァーンケーニッヒ（みそさざい）音響魚雷**●護衛艦に対抗するために一九四三年九月に現われた音響誘導魚雷でTV型（G7es）と呼ばれた。艦船の推進器音を追尾するものだったが、連合軍はフォクサーと呼ばれる騒音発生機器を牽引するなどして対抗した。

9—7　**FAT魚雷**●一九四二年末に現われたフェダー・アパラート・トルペード（ばね装置魚雷の略）のことで針路誘導システムである。誘導装置はG7a（蒸気推進魚雷）とG7e（電気推進魚雷）に搭載されてFaT1、T2、T3型と呼ばれた。発射後ジャイロ機能によりジグザグ運動を反復して命中率を高めた。

U1162（Ⅶ C型）●一九四三年九月十五日就役。艦長はディートリッヒ・ザクセほか三名。本艦はイタリアへ供与された艦でS10と呼ばれ、イタリア降伏後ドイツ海軍に編入された。一九四五年五月五日、キール付近で自沈。

9—8 ハリファックス機●ハンドレーページ・ハリファックス爆撃機は英空軍初期の四発爆撃機の一つでランカスター機、スターリング機とともにドイツ爆撃を行なったほか、汎用性により洋上哨戒作戦にも従事した。

9—9 U736（VIIC型）●一九四三年一月十六日就役。艦長はラインハルト・レフ中尉。一九四四年八月六日、フランスのロリアン南西にて爆雷で沈没。

9—10 U741（VIIC型）●一九四三年四月十日就役。艦長はゲァハルト・パルムグレン中尉。一九四四年八月十五日、セーヌ湾ル・アーブル北西にて爆雷で沈没。

9—11 U480（VIIC型）●一九四三年十月六日就役。艦長はハンス・ヨァヒム・フォースター中尉で三隻一万四四九〇トンを撃沈し、ほかにコルベット護衛艦も沈めた。一九四五年二月二十四日、ランヅ・エンド南西（英国海峡）にて爆雷で沈没。

U764（VIIC型）●一九四三年五月六日就役。艦長はハンスクルト・フォン・ブレメン中尉で一隻六三八トンを撃沈し一隻損傷。ほかに駆逐艦を沈めた。洋上作戦中にドイツ敗戦となり、一九四五年五月十七日、英国で降伏。一九四六年一月二日、砲撃により沈められた。

U989（VIIC型）●一九四三年七月二十二日就役。艦長はヴィルヘルム・ブラウエル中尉ほか一名で一隻一七一九トンを撃沈した。一九四五年二月十五日、大西洋シェトランド諸島北にて爆雷攻撃で沈没。

9—12 U125（IXC型）●一九四一年三月三日就役。艦長ギュンター・クーンケ大尉ほか一名で一六隻七万八一三六トンを撃沈した。一九四三年五月六日、北大西洋ベル島（カナダ）東にて爆雷攻撃で沈没。

U274（VIIC型）●一九四二年十一月七日就役。艦長はギュンター・ヨルダン中尉。一九四三年十月二十三日、カナダ・レイキャビク南南西にて爆雷で沈没。

U292（IXC41型）●一九四三年八月二十五日就役。艦長はヴェルナー・シュミット中尉。一九四四年六月二十七日シェトランド諸島北北東にて爆雷攻撃で沈没。

第10章　U81と新鋭航空母艦アークロイヤル

二次欧州戦が開始された一九三九年に就役した英国の新鋭空母アークロイヤルは、一九四一年に地中海でU81に撃沈された短命艦である。

アークロイヤルは基準排水量二万二〇〇〇トンの本格的な航空母艦として最初から設計された艦であり、それまでの改造空母で得られた多くの経験が盛り込まれて二次大戦前に完成した近代艦だった。二四四メートルの飛行甲板を有し格納庫内に六〇機の艦載機を収容することができ、これらの艦載機は二基の昇降エレベーターを用いて上甲板に運んだ。また、航空機を発進させる水圧カタパルトと緊急着艦防止索などの空母特有の装置が設置されていた。本艦はバーケンヘッド（リヴァプール）のカーメル造船所で起工され、一九三七年四月に進水したのち艤装が行なわれて外洋で公試運転を行なった。そののち乗員がポーツマス軍管区から集められて、クライド（スコットランド南部）を基地としていた艦隊航空隊が搭載されると、海上飛行場として哨戒飛行が重要な任務とされた。アークロイヤルを母艦にした多くのパイロットは、すでに旧型の航空母艦カレージアス（注10―1）で経験を積んでいたが、

2万2000トンの本格的な空母としてはじめから設計されたアークロイヤルだが、ソードフィッシュ複葉雷撃機を搭載しUボート哨戒に使用された。

実際にアークロイヤルで発着艦を行なってみると空母として非常に優れた艦であることがすぐに分かった。しかし、航空隊パイロットたちから煙突から出る排気熱が飛行甲板に流れることが指摘され、その対策として飛行甲板が二・五メートル延長された結果、パイロットたちの飛行条件が大きく改善された。

一九三九年初頭にポーツマス港の南鉄道突堤に係留されていたアークロイヤルの飛行甲板は、喫水線から上の部分が二一メートル余もある巨体であり、港を横切って運行するゴスポート・フェリーに乗る工場労働者たちに限りない信頼感を与えていた。一九三九年春になるとアークロイヤルは艦隊に加わり地中海方面で哨戒任務につき、英国にもどる途中に艦内格納庫から火が出て一個飛行隊全ての艦載機が失われてしまったこともあった。

しかし、ヒトラーの支配するドイツが欧州制覇の野望を現わしはじめ、戦争の危機が迫っていることは誰の目にも明らかなこととなり英海軍もあわただしく動き出した。補充兵や一次大戦時の年金受給者などが徴集されてアークロイヤルの定員を充足させたのち、空母は訓練のためにインヴァーゴードン（スコットランド・北海に面する）からスカパ・フロー（注10—2）へと航海を続け、ここで本国艦隊に合流した。一九三九年九月三日に英独が戦争状態に入ったときアークロイヤルは海上に出たが、パワー艦長が艦内放送で英独開戦のニュースを乗員に伝えた。やがて、スカパ・フローにもどったアークロイヤルは燃料を満載にして、ノルウェー海岸沖で哨戒任務についたのち九月十日にスカパ・フローにもどった。ついで九月十一日の午後八時三十分にスカパ・フローを出航して、北方航路のオークニー諸島とその海域をUボートの攻撃から守るために、第8駆逐艦隊の四隻の護衛艦を伴って航空哨戒行動をとっていた。すでにUボートによってロックオール（アイルランド北方北大西洋上）北方一六〇キロの地点で船舶の被害が出ていたため、迅速にその海域に向かい九月十二日の早朝に空母の艦載機がUボートを発見して攻撃した。九月十四日の夜明けに別の護衛艦三隻も参加し、艦載機が広い範囲を捜索したが何も得られなか

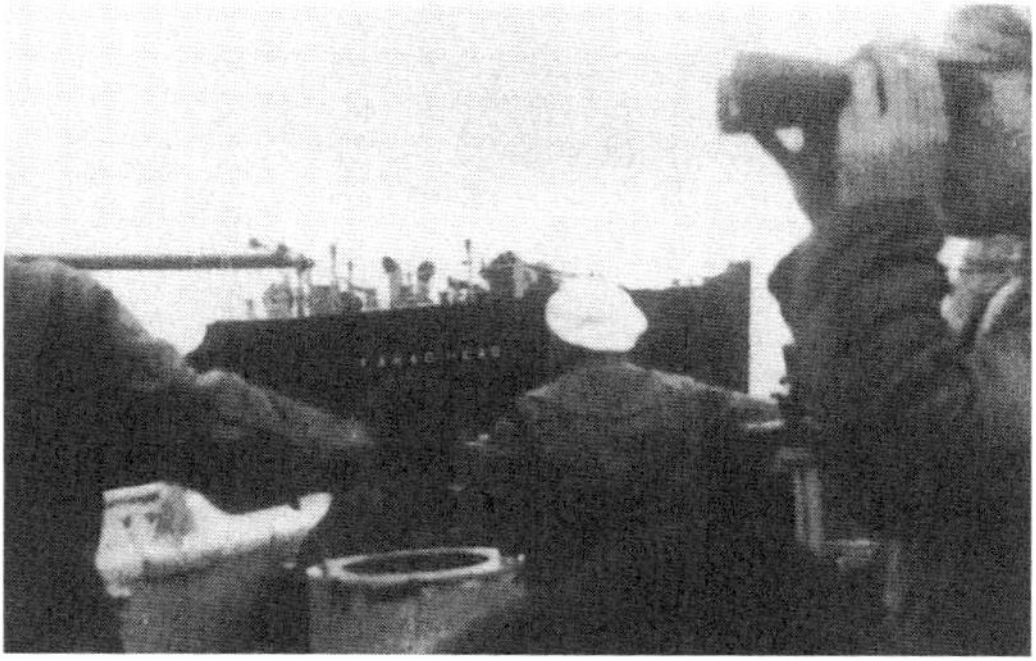
U30とフリッツ・ユリウス・レンプ艦長(右端)。後方には9月14日正午に撃沈された英輸送船ファナドヘッドが見える。

った。

九月十四日の正午に英船ファナドヘッドが空母の三二〇キロ南西でUボートに撃沈されたという情報がもたらされた。これはフリッツ・ユリウス・レンプ艦長のU30によるものだったが、哨戒隊は四隻の護衛艦を緊急派遣してUボートを捜索させた。同日午後二時三十二分にアークロイヤルは駆逐艦の護衛を受けながら、艦載機を飛ばすのに必要な合成風力を得るために針路と速度を固定して、三機のブラックバーン・スクァ軽急降下爆撃機（注10―3）を発艦させた。ブラックバーンが飛び去ると空母は六・四キロほど後方の護衛スクリーンの中に引き返し始め、午後三時七分にスクリーンまであと三・二キロになったときに二発の魚雷が空母の艦尾方向を通過してずっと先のほうで自爆した。

これはU39（注10―4）のゲァハルト・グラッテス大尉がアークロイヤルの速度を二二ノットと計測して雷撃したものだが、実際は二六ノットという高速で走っていたために失敗したのである。魚雷の発射後潜航したU39の艦長は爆発音を聴いたので雷撃は成功したと考えたが実は命中しなかった。それから三日後にオットー・シュハルト艦長が指揮するU29（1章参照）が空母カレージアスを沈めて、空母初撃沈の栄光を手にしたのだった。

他方、U39からの雷撃を見た駆逐艦はすぐに旋回してアークロイヤルの北西方向で、各艦一八二〇メートルの間隔をもって捜索を開始した。速力が一五ノットに落とされた駆逐艦フォークナーとフォックスハウンドの両艦は、アスディックによってUボートを捕捉すると、すぐにフォックスハウンドが攻撃に移り、深度七六・二メートルと九二メートルに爆発深度を設定した二発の爆雷を投下した。

アークロイヤルを沈め損ない、護衛駆逐艦の爆雷攻撃で撃沈されたU39。

このときU39は迫る駆逐艦の推進器音を聴音機で聴くと素早く深い海へと潜航していったが、午後三時二十五分に深度六一・九メートルのときに最初の爆雷が爆発した。強烈な爆発は艦内電灯を破壊して主バッテリーに損傷を与えたほか、艦内浸水による電気配線のショートで潜航時の推進機関となる主電動機（注10―5）が使用不能になった。続いて駆逐艦フォークナーからまず爆雷が一発発射され、続いて発射台に装填されていた全ての爆雷が投下された。この連続爆発によりU39はひどく損傷し、艦内の浸水が激しくなった。もう一隻の駆逐艦ファイアドレークは三時四十六分に深度七六・二一メートルから一五二・四メートルの間に設定した爆雷を投下した。この攻撃がU39に致命的な損害をもたらし、艦内は蓄電池と海水が混ざって発生する塩素ガスが充満し、ついに艦のコントロールができなくなった。この事態に至って艦長は三時四十六分に緊急浮上を命じたのだった。そして、海面を割って浮上したUボートに三隻の駆逐艦がすぐに銃撃を集中すると、乗員が救命具を身につけて艦橋から海上に次々と身を躍らせたので砲撃中止が命令された。幸いなことにU39の乗員は最終的に四三名が駆逐艦群によって救助されたのだった。

このUボート撃沈劇ののちにアークロイヤルは本国艦隊の停泊地スカパ・フローにもどって次の出撃準備が行なわれた。そして幾回かの短期哨戒出撃ののち、一九三九年九月二十五日にドイツ掃海艇によって爆雷攻撃を受けて損傷した、英潜水艦スピァフィッシュの支援に向かった。英潜スピァフィッシュは浮上していたが、その海域はドイツ空軍の行動範囲内にあって航空支援が必要だったからである。この日、日中に二度ばかりドイツ機がずっと先のほうを航過していったが潜航できない英潜水艦に気付かなかった。九月二十六日の午前四時にまず駆逐艦ソマリアとエキモーが潜水艦スピァフィッシュの護衛に駆けつけ、午前九時には空母アークロイヤルと護衛艦が接近して上空支援機も飛来した。午後になると数機のドルニェDo17爆撃機（注10―6）がアークロイヤル上空に飛来したが、うち一機は上空護衛の艦載機ブラックバーンが撃墜した。その間にアークロイヤルから発艦して付近の海域を哨戒していた、二機のブラックバーンのパイロットが着艦のために空母を探している途中、浮上航行中のU30の航跡を発見して爆弾を投下した。しかし、慌てて低い高度で投下した爆弾の爆発衝撃によって同乗の銃手が死亡し、尾翼が吹き飛び機体が破壊されて海に墜落してしまったのである。皮肉なことにこの機の乗員は爆弾を投下した当のU30によって救助されドイツの戦時捕虜となった。

U30はこの日の午後四時ころにブラックバーン機に襲われて四発の九一キロ爆弾を受け、さらにもう一機が四五キロ爆弾で攻撃してきたが海中に潜った。だが、午後四時二十五分に浮上すると上空にいたブラックバーン機がUボートの左舷から機関銃掃射を行ないながら急降下攻撃を行なった。この攻撃で艦橋の周囲に出ていたU30の乗員一人が負傷し、のちにアイスランドに上陸して手当てを受ける羽目になった。他方、Uボートを攻撃したブラックバーン機は母艦にもどってUボート攻撃の詳細を報告すると、すぐに上甲板に駐機してあった六機の複葉フェアリー・ソードフィッシュ雷撃機が飛び立った。ソードフィッシュ隊の指揮官はUボートを攻撃して撃沈したと空母に報告したが、U30はこの航空攻撃を生き延びることができたのだった。

ドイツではすでに九月二十六日に「ドイツ放送」で英語アナウンサーをつとめたウィリアム・ジョイス（別名ホーホー卿＝注10―7）が、「空母アークロイヤルは今北海にいる」と何でも知っているぞと言わんばかりの謀略放送を行なっていた。

英空母を攻撃したドイツのドルニェDo17爆撃機はすでに空母を含む艦隊の存在を無線で報告しているはずであり、アークロイヤルは次の航空攻撃に備えて一六門の一二ミリ対空機関砲をもって厳重に警戒していた。翌二十七日午後になると予想どおり一機のハインケルHe111爆撃機が飛来し、投下した爆弾が空母の艦首四五メートルほど先に着弾して爆発した。その衝撃で艦は振動したが損害はなく、ドイツ機は去っていった。このハインケルHe111爆撃機は基地にもどると、一発が命中しもう一発は至近弾だったと報告した。すぐにパイロットは勲章を授けられ、ドイツの宣伝機関は事実にはおかまいなく「私はこうしてアークロイヤルを沈没させた」というタイトルの本を出版したりした。

なんの損傷も受けなかったアークロイヤルは一九三九年十月に護衛艦とともに西アフリカへ向かい、ドイツの通商破壊艦グラーフ・シュペー（注10―8）が南米のラプラタ河口で自

ドイツ放送で対英宣伝アナウンサーを務めたウィリアム・ジョイス。彼は戦後、断罪された。

沈する十二月中旬まで哨戒活動を行なって、二ヵ月後にリヴァプールに帰投した。その後、一九四〇年の初めに英独両軍の間でノルウェーの占領を巡る戦いが起こり、アークロイヤルは英上陸軍の航空支援を行なったのちの六月十四日に泊地スカパ・フローにもどっている。しかし、燃料と弾薬の搭載がすむと三日後には地中海作戦に従事するためにジブラルタル港に向かった。六月二十二日にアークコイヤルは戦艦フッド（注10―9）と護衛の駆逐艦とともにビスケー湾を航行中にUボートに発見されて攻撃されたが、これはエンゲルベルト・エンドラス艦長のU46（注10―10）によるもので三発の魚雷を発射したが命中しなかった。

折からフランスがドイツに占領されたため、フランスの北アフリカ植民地だったオラン港（アルジェリア北西部・地中海）に停泊していたフランス戦艦が、ドイツの手中に入るのを防ぐため英軍によって沈められたとき、アークロイヤルは地中海に到着して英艦隊の航空支援を行なった。続いて、この年の夏から秋にかけて地中海を出ると、南大西洋西アフリカのダカール（セネガル）付近で航路の監視任務につき、やがて、新兵器搭載など再装備のためにリヴァプールにもどった。補給が行なわれると息つく間もなく空母は再び地中海に向かい、同海域で不沈空母の役割を果たすマルタ島へ、支援物資を運ぶ船団の航空護衛を行なった。

続いて一九四一年の初めにアークロイヤルは地中海でイタリア機の攻撃目標にされたが、艦載機がよくイタリアの攻撃機を撃墜した。

他方、ドイツの巡洋戦艦が通商破壊戦を行なうために大西洋に出てゆき、英海軍による撃滅作戦がおこなわれた。すなわち、五月二十日に戦艦ビスマルク（注10―11）が北海に出撃し、その三日後にドイツ海軍の重巡洋艦プリンツ・オイゲン（注10―12）がアイスランドとグリーンランドの間に出現した。英巡洋戦艦フッドと戦艦プリンス・オブ・ウェールズ（キング・ジョージ五世級で一九三七年完成、基準排水量三万六七二七トン、のちに日本海軍航空隊に撃沈される）が追跡を開始し、翌朝フッドはビスマルクの砲撃で沈み、プリンス・オブ・ウェールズも損傷した。空母アークロイヤルは「H戦隊」とともにジブラルタルを後にしてビスマルクを捕捉するべく北方に向かった。

ドイツ戦艦ビスマルク。同艦の撃沈にはアークロイヤルの艦載機ソードフィッシュの魚雷攻撃が重要な役割を果たした。

五月二十四日の午前中にビスマルクは空母ヴィクトリアスから発進したソードフィッシュ機の発射した魚雷によって損傷し、フランスのブレストに向かって単艦で避退中、英艦隊によって発見された。損傷したドイツ戦艦はドイツ空軍の支援網の中に入る前に捕捉して撃沈せねばならず、五月二十六日午後遅くにアークロイヤルから一五機のソードフィッシュ機が魚雷を搭載して発艦した。ソードフィッシュ機は前時代的な複葉機であったので大きな期待は持てなかったが、予想に反して勇敢にビスマルクを攻撃した。一機の攻撃機が放った魚雷がビスマルクの艦尾操舵装置に命中して、操縦不能という致命傷を与え洋上で旋回を始めた。そして、その翌日に英艦隊の猛砲撃によりビスマルクは沈没したのである。

この戦艦ビスマルクの沈没に大きな役割を果たしたアークロイヤルは再びジブラルタルにもどって、地中海でドイツ・イタリア軍に包囲されたマルタ島へ向かう船団の航空護衛と、同島へ空輸するハリケーン戦闘機（注10―13）を搭載していた。一方、Uボートを指揮するデーニッツは地中海で活動する第29Uボート戦隊の戦力を増強するために、さらに多くのUボートを送る必要に迫られて数隻を増強したが、この中にアークロイヤルと運命的に出会うU81が含まれていたのである。

U81（ⅦC型）は一九四一年二月二十二日、北ドイツのヴェゲザック造船所で進水した。ほかのブレーマー・フルカン造船所などはUボート一隻の建造に一年をかけるのが普通であったが、ヴェゲザックではたった九ヵ月で就役させるほど生産能率面で優れた技術を有していた。U81の艦長は一九三四年に海軍兵学校を卒業したフリードリッヒ・グッゲンベルガー中尉だったが、U81の受領後は同年七月中旬までバルト海で訓練を行なった。その後キールの第1Uボート戦隊に所属して最初の哨戒作戦出動を待っていた。一九四一年七月十七日に一回目の哨戒作戦に出発し、カテガット海峡、スカゲラク海峡を通過して北に進みながらノルウェー沿岸に沿って八月一日に北欧の静かなトロンヘイム基地（第13Uボート戦隊）に入って補給を受けると、すぐに北極海と接するカラ海（シベリアとノヴァヤゼムリャ島の間の海）で哨戒作戦の間にソビエト船を攻撃するが成功せず、一ヵ月の航海を終えて八月十三日にトロンヘイムにもどった。

次の哨戒作戦は八月二十七日に始まってグリーンランドの南で活動するUボートの一群と合流した。Uボート狼群の攻撃目標は英本国にもどる六四隻のSC42船団であったが、この船団は駆逐艦一隻と三隻のコルベット艦（護衛艦）のみの少ない護衛であった。九月九日に船団はファーウェル岬（グリーンランド）付近を航行しているときにUボート狼群は攻撃を開始した。

U81の初代艦長フリードリッヒ・グッゲンベルガー中尉(のち大尉)。10隻 6 万8424トンを撃沈して騎士十字章を受章した。

U81も五五九一トンの英船エンパイア・スプリングバックを月光の輝く海上で二発の魚雷をもって撃沈した。この船は船団から遅れた落伍船で火薬類を積載していたので、魚雷の命中と同時に巨大な爆発を起こした。この夜、U85、U432とU652（注10―14）がSC42船団へ攻撃をかけた。

一方、U81は二番目の獲物に向けて二発の魚雷を発射して撃沈したが、これは三二五二トンの英船サリー・マースクだった。続いて縦一列に並んで航行する三隻の船に向けて三発の魚雷を発射し、うち一発が命中して一隻を撃沈した。U81とともに狼群攻撃を行なったのはU82、U433、U207、U202、U84、U98およびU352（注10―15）であり、この日の午後、海上に霧が発生するまでに一八隻が海底に沈んで船団攻撃は成功し、U81はこの哨戒作戦のあと九月十九日にフランスのブレストに入港した。

U81は六週間をフランスで過ごしたのちの一九四一年十一月四日に地中海方面へ四回目の出撃を行なった。これは北アフリカでドイツ軍とともに戦うイタリア軍を支援するために、ムソリーニが補給航路を維持しようと二〇隻のUボートの派遣をヒトラーに要請したからである。この結果、ヒトラーがUボートの地中海派遣を命令し、デーニッツは大西洋で通商破壊戦を実施中のUボートを引き揚げて地中海に送らねばならなくなった。なにしろ、イタリアから北アフリカのリビヤまでの輸送船の六〇パーセントが途中で沈められたという背景があったからである。

VII C型のU81は地中海作戦に適した艦で、ビスケー湾を越えて一週間後に警戒の厳しいジブラルタル海峡を夜間に突破しようとした。どのみち狭いジブラルタル海峡を越えねば地中海には入れない。Uボートの艦長たちはそれぞれに工夫を凝らして海峡突破を図った。U81のグッゲンベルガー（大尉になっていた）はごく一般的な方法、すなわち地中海に向かって流入する潮の流れを利用してジブラルタル海峡を突破する方法を採用することにした。U81は一九四一年十一月十一日から十二日の夜間に浮上するとヨーロッパ大陸沿岸近くに沿って航行し、スペインのタリファ（スペイン南部ジブラルタル付近）の灯台光を目印にして進んだ。

地中海を航行するH戦隊とUボートを警戒するソードフィッシュ雷撃機。

Uボートからやや離れた場所を二隻の漁船と二隻の駆逐艦が通過していったが、発見されずにジブラルタルの狭い水路へ入っていった。

地中海に入ったU81とU205（注10―16）は、マルタ島への救援作戦を終えてジブラルタルにもどる英地中海艦隊を攻撃するよう命令を受けた。イタリアの航空部隊は積極的に偵察を行なって、十一月十一日午前九時三十分に戦艦マラヤと空母アークロイヤルを含む英地中海艦隊と接触したが、翌日の午後に艦隊の位置は不明確となった。しかし、十一月十三日にU81が軍艦のマストを水平線上に発見したのである。

この艦隊は「H戦隊」と呼ばれ空母から発艦させた戦闘機をマルタ島へ輸送する作戦を終了して、十一月十二日の午前十一時三十分にジブラルタルにもどろうとしていた。H戦隊は戦艦マラヤ、空母アークロイヤルおよび小型の艦隊空母アーガス（注10―17）であり、艦隊は一列縦隊となって航行し、護衛は新鋭巡洋艦ハーミオネと駆逐艦だった。また、上空には絶えずソードフィッシュ一機が哨戒飛行をしていたが、夕方まで何も発見することはなかった。翌日の午前六時四十五分、夜明けとともに六機のソードフィッシュ機が周囲一一二キロの範囲を哨戒するために飛び立つが、海上には何も発見できず午前八時五十分に空母に帰投した。その後は遠距離と近距離哨戒が終日続行されたほか、護衛艦も幾回となくUボート捜索を行なった。午後二時十五分に巡洋艦ハーミオネは空母の右舷側に護衛位置を移すと駆逐艦もそれに応じて配置を変更した。午前九時五十五分、十一時五十七分、午後三時十八分に駆逐艦がアスディックによるUボートのコンタクトを報告し、そのたびにH戦隊は九〇度緊急旋回を実施した。ことに午前九時五十五分に得られたコンタクトは、Uボートに間違いないと判断されて駆逐艦が爆雷五発を深度一五・三メートルにセットして投下した。

午後三時十八分に再び駆逐艦のアスディックのコンタクトが報告され、H戦隊は緊急旋回ののち針路をもどすと巡洋艦ハーミオネが先頭になって艦隊を誘導した。空母アークロイヤルはジブラルタルに近くなると飛行基地に向かって艦載機を発艦させるのと、引き続き上空哨戒飛行を実施する必要があり、三時二十九分に発艦用の合成風力を得るために風上に向かって針路を変えた。まず六機のソードフィッシュが発艦すると、さらに六機のソードフィッシュ機と二機のフルマー機（注10－18）がジブラルタルの飛行基地へ離陸していった。続いて哨戒機を発艦させるために、戦艦マラヤと空母アーガスの間の位置を確保しようと左舷方向に針路を変更した。

H戦隊は目的地のジブラルタルまであと四八キロに迫り、アークロイヤルはUボートを警戒してジグザグ航路を命令され、三時三十八分にジグザグ航路へと針路変更をし、これに従い右舷側にいた駆逐艦も三時四十分に空母を護衛するために針路を変更した。そのとき、駆逐艦が水中聴音機により右舷側でUボートの存在を探知し、ほかの駆逐艦でもコンタクトが得られたが、いずれも音は次第に薄れていったのでこの報告は無視された。

午後三時四十一分にアークロイヤルは一機の哨戒艦載機を発艦させた、その直後に艦橋下の右舷に魚雷が突然、命中したのである。このとき上空ではソードフィッシュ機が哨戒していたし、空母でも当直が眼を皿のようにして監視していたが、いずれも魚雷の航跡を見ることはなかった。右舷中央部に命中した魚雷によってアークロイヤルは大きく揺さぶられ、爆発は右舷ボイラー室を直撃した。すぐに乗員の多くが持ち場に急いだが、たちまち艦は右舷側に傾斜していった。最初の魚雷命中の衝撃により艦内の通信系統が破壊されてしまい初期命令を艦内放送で出すことができなかった。魚雷の爆発は右舷の艦橋部下方の艦底下で起こり、左右四〇メートルで幅九・一メートルの大きさの船底鋼板を吹き飛ばしたと記録されている。このためにオイルタンク、右舷の水密区画、機関室のほか多くの区画が急速に浸水していった。

この浸水により右舷側に一〇度の傾斜が起こり、主配電板と電話交換室も浸水し、それが原因で電力系統は全て使用できなくなり、電灯、放送、電話は不通となったが機関など致命的な損害は発生していなかった。艦橋から機関室への通信は不能になり、やがてエンジンが停止するまでに右舷の傾斜は一七度に増加していた。そこでただちに浸水対策が施された結果、傾斜は一時的に一四度に回復することができた。ただ、これほどの損害にもかかわらず乗員の被害が水兵一名だったというのは奇跡に近いものである。魚雷の爆発後にジブラルタル基地へ空母の牽引が要請され、駆けつけたタグボートと駆逐艦レジオンが巧みに空母に接

U81の雷撃を受けて右舷に傾斜した英空母アークロイヤル。傾斜27度で総員退去が発せられ、のち艦は転覆、沈没した。

舷して三〇分ほどで大半の乗員を移乗させることができた。電力と給水ポンプが駆逐艦から供給されて、空母アークロイヤルは二ノットの速度でジブラルタルに向かって牽引されていった。

　この間に左舷側の蒸気缶の圧力が上げられて電気が自力供給できるようになったが、右舷エンジン室への浸水はゆっくりながら増加して傾斜も再び増して一七度になった。やがて、左舷のボイラー室への浸水は空気ケーシング（煙突の外筒）に火災を発生させ、そのために乗員はボイラー室からの退去を余儀なくされて、自力航行のための推進力を失った。U81の雷撃後、駆逐艦はアスディックにより距離一四〇〇メートルという近距離でコンタクトを得て、爆雷攻撃が激しく行なわれ三時間で一八〇発以上が投下されたがUボートは逃げてしまった。一方、アークロイヤルの傾斜はついに二七度に増加してしまい、艦長は残った乗員に総員退去を命ぜざるを得なくなり、魚雷命中一二時間後に全ての乗員は退去した。このとき艦の傾斜は三五度になり、それから二時間後についにアークロイヤルは転覆して沈没したのだった。

アークロイヤルの攻撃はどのようになされたのか、U81の次席士官（通信長）だったヨハン・O・クレイグ中尉の回想記録にその詳細を見ることができる。

「U81は一九四一年十一月にフランスのブレスト港を滑り出ると西方へ針路をとった。外洋に出るとすぐに最初の訓練が行なわれ、深々度潜航、警報、緊急事態対応などが試されたのち、艦長のフリードリッヒ・グッゲンベルガー大尉から艦の任務と目的地などの説明がなされた。それによれば、主たる任務は北アフリカのドイツ・アフリカ軍団の支援であり、フランツ・ゲオルグ・レシュケ艦長のU205とU81が地中海において、敵の戦闘艦と支援船団を攻撃して英第8軍への補給を絶つことと された。U205は我々の艦よりも二日早くジブラルタル海峡を通過するが、U81は十一月十一日～十二日の夜中に通過する計画だった。もともと我々は比較的楽な条件下で大型タンカーを狙えるカリブ海で活動する任務を期待していたので、乗員たちは艦長から示された新任務にかなり落胆した様子だった。しかし、航海中に厳しい訓練が続行されて両Uボート乗員の練度は高まって

魚雷命中後、総員退去中のアークロイヤル。駆逐艦が接舷して乗員を救助した。

いた。

両艦は一度南方に向かってから発見されないようにモロッコの沿岸部を進み、直接ジブラルタル海峡を突破することを狙った。私は夕刻に当直士官として勤務していたが海峡には多数の艦船が往来し、方位無線電波が飛び交って岸には無数の灯火が見られた。U81はジブラルタルの有名な大岩山に接近してから東方に針路を取った。艦橋から強力なツァイス製の双眼鏡でジブラルタル要塞の英海岸砲台を観察すると、砲台の衛兵がタバコを吸ってのんびりと一服していた。この海峡突破作戦はうまく行き、海上航行を発見されずに地中海に入ることができたのは夜明けころとなり、我々には幸運の女神が微笑んでいたようである。

ジブラルタル海峡を通過して地中海に入ると浮上航行から潜航に移って海上から姿を消し、海中で乗員たちはしばらく休息した。U81は十一月十三日に艦内の圧搾空気をタンクにブローして潜望鏡深度に浮上すると、浅い海域でUボート本部からの無線通信が受信された。その情報によれば戦艦マラヤとアークロイヤル、フューリアス（注10―19）の二隻の空母が、巡洋艦と数隻の駆逐艦をともなう機動部隊としてジブラルタルに向けて一八ノットで航行しているというものだった。このとき、我々の位置は敵機動部隊の推定針路より北にあってやや遠すぎるようだったが、ともかくも最高速力で英機動部隊の迎撃予定位置に向かった。午後二時三十分に南東方向に哨戒機を発見して潜航を強いられたが、艦内通信室の下士官無線手のロレンツが聴音機で二種の推進器音を探知した。その両音源ともに同じ針路をとっていて一つは弱くもう一つは強いものだった。艦長は強い音源の方を受信機でゆっくりと増幅すると慎重に分析した結果、大きな艦船部隊が存在すると判断した。

艦長はU81が攻撃に良い位置を占めていると判断し、先に巡洋艦を狙うか、または、もっと大きな艦を攻撃する機会を待つ方がよいかと考えたが、すぐに大きな獲物を狙うべきであると決断した。艦内の乗員は固唾を飲んで艦長の指示を待った。今は二隻の駆逐艦の推進器音は低く巡洋艦のそれは高い音源となり、聴音機の使用は不要なほどだった。艦長は潜望鏡深度へ艦をゆっくりと持ってゆくと、海上に攻撃潜望鏡（ほかに上空を監視する偵察潜望鏡があった）をほんのわずかの時間だけ突出させて状況を判断した。このときU81と英艦隊の針路は交差する体勢になっていた。

攻撃の時がきて艦長は命令を発した。

『発射管一番から四番まで発射準備せよ』

『敵は右舷艦首方向七〇度、速力一八ノット、距離三六四メートル』

艦長は信じられないほど落ち着いているように見えた。

前部発射管一番から四番まで発射準備完了、と報告がくる。

艦長はもう一度潜望鏡を上げ、『魚雷発射！』が命じられ、一発ずつ四門の前方発射管から〝うなぎ〟（乗員がその形状から魚雷をアールと呼んだ）が次々と滑り出ると、艦の浮力を調整するために同量の海水が発射管に入った。だが巧妙な浮力調整にもかかわらず、難しい艦の姿勢制御操作は完全とはいえず艦橋の一部が海上に出てしまった。だが、すぐに浮力調整の効果が出て再び艦は急速深々度潜航に入っていった。このような理由で魚雷発射の瞬間に、海上に浮き上がったU81の艦橋が距離数百メートルにおいて、英巡洋艦と駆逐艦から目撃されたであろうと考え、我々はすぐに爆雷の攻撃を覚悟した。グッゲンベルガー艦長は落ち着いた声で深度一六メートルまで急速潜航を命じ、すぐに投下されるであろう爆雷に備えて緊張し、艦内はあらゆる物音に気をつけてただひたすら静寂を守った。

聴音室はU81の南方方向で二発の爆発音を聴き、さらに我々の攻撃から一〇分以上経過して艦橋が海面に出たと思われる方角でも爆発音を聴取した。やがてU81の周辺の静寂が消えて多数の爆発音と艦船の推進器音とが入り混じって聴こえた。しばらくしてから状況が次第に明確となり、艦隊の主力部隊はジブラルタルに向かい駆逐艦が現場海域に残って本艦を必死で捜索しているようだが探知することができなかった。グッゲンベルガー艦長と我々はこの攻撃の結果に大きな失望感を感じていたが、騒音を立てないようにして前方発射管に次発装塡準備を行ないながら、上方の駆逐艦の動きに耳をそばだてていた。

猫と鼠の果てしない戦いが始まるはずであった。

しかし、数時間後に駆逐艦のUボート捜索は中止されて再び艦内を静寂が支配した。U81はアフリカ沿岸の海底に潜んだまま死んだふりをしてついに逃れることができたのだった。翌日の午後に浮上すると敵艦船の姿はまったく見えず海は凪いでいた。通信室は『士官のみ』と指定された極秘電文を受信して通信長が解読した。その電文には、英ロイター電によれば『空母アークロイヤルの沈没が報じられている』と書かれていて、一瞬、私は息が止まったかと思われるほどに驚いた。ちょうど艦長は艦橋で艦の位置を測る天測を行なっていたので、私は電文を手につかむと素早くラッタルを駆け上って艦橋に向かい艦長に通信文を手渡した。グッゲンベルガー艦長は電文を一読すると頭を数度振りながら『ほぉ、思わぬ結果だな』と述べ、続けて『我々の攻撃目標は戦艦マラヤだったのだ』と言った。あらゆる状況を総合して考えてみると結論は一つである。我々の魚雷が空母アークロイヤルを撃沈したことは間違いない。本当のところ我々の目標は空母ではなかったが、魚雷発射の位置、距離、速度の推定と計算を間違った結果が空母撃沈となったのである。地中海にいるはずのU205の方は我々の位置から四八〇キロも東で行動していた。そして、この海域で活動する唯一のUボートは我々の艦以外にはなかったのである」

「撃沈ペナント」をかかげてラ・スペシア港に帰投したU81。

ドイツ海軍はこのロイター電によってU81がアークロイヤルを撃沈したことを知ったが、このニュースはすぐに世界に伝わった。ニューヨークの日刊紙は「アークロイヤル沈没」の大見出しをつけたし、英国のデイリー・エキスプレス紙は「アークロイヤルは紳士のごとくに沈んだ」と報じ、ほかの多くの新聞も特集を組んで世界的に有名な航空母艦の最後を詳しく報道したが、艦隊航空母艦の沈没は英海軍と地中海艦隊にとって大きな痛手となったのは当然である。それから一一日後に地中海で戦艦バーラムがU331（第4章参照）により沈められ、姉妹艦であった戦艦クィーン・エリザベスとバリアントは一九四一年十二月十八日に、アレキサンドリア港（エジプト）でイタリアの人間魚雷の攻撃を受けて損傷した。同じ日に巡洋艦ネプチューンと駆逐艦カンダハルが北アフリカ海岸の機雷原で沈没するなど、この期間に英海軍は一気に多数の戦闘艦を失ったのである。

一九四一年十二月に米国が参戦したとき、ハンス・ハラルド・シュパイデル（のちにU643の艦長）がU81の副長に赴任してきた。このシュパイデルは非常に変わった経歴の持ち主で、大戦前の一九三六年に海軍兵学校を卒業すると海軍航空隊のパイロットとなり、二年後には航空隊が空軍の管轄下に置かれた。このために二次大戦の初期には西部戦線と東部戦線においてパイロットとしてフランス、英国、ロシアの上空で戦った。その後、Uボートの士官乗員として再訓練を受けてからU81の副長となり、地中海方面での哨戒作戦に五回ほど出撃することになったのである。

U81の次の戦果は四月中旬まで待たねばならず、その間の哨戒活動は東地中海方面で行なわれた。一九四二年四月四日にイタリアのラ・スペシアから東地中海へ六回目の哨戒作戦に出たU81は、四月十六日にベイルートの南一六キロで一一五〇トンのフランスの漁船と、六〇〇〇トンの英タンカー、ガスピアを魚雷で沈めたが、そのタンカーの火災は付近にいたU331からも見ることができた。この日遅くに三隻の帆船を沈め、翌日に一隻を砲撃で撃沈し、四月二十二日は二隻、そして二十六日には四隻を沈めた。しかし、これらの船は皆八〇～一〇〇トンの小型船であった。

ハンス・シュパイデル副長はこの哨戒作戦についてこう記録している。

「一九四二年四月十六日にキプロス（地中海東部キプロス島）から出航したアラビヤ船（ダウ船）数隻を沈め、うち一隻を捕獲して乗り込むとUボート乗員にとっては素晴らしい獲物となる二袋のパンを接収することができた。そして、乗員がU81にもどるとUボートの艦首をアラビヤ船にぶつけて沈めた。そののちに、我々は海岸付近に浮上して午後四時ころにハイファ（現イスラエル北部の貿易港）の大きな製油工場と石油タンクおよび栈橋を、八八ミリ甲板砲をもって砲撃し炎上させたが、精油所の警備部隊は不意をつかれてまったく反撃の砲火はなかった」

英空母アークロイヤルを撃沈したころの、イタリアのラ・スペシアにおけるU81。艦長はグッゲンベルガー中尉だった。

U81はこの哨戒作戦ののちの一九四二年四月二十九日にギリシャのサラミスへ帰投した。

次の七回目の哨戒作戦は一九四二年五月六日から六月三日までであるが、アフリカ沿岸のトブルク付近をしばらくの間哨戒していた。一方、北アフリカの戦場では五月二十日にロンメル元帥のドイツ・アフリカ軍団が英軍攻撃を開始した。

シュパイデル副長の話は続く。

「U81はドイツ空軍機が付近の海域で撃墜され、ゴムボートで漂流していることを無線で知ると両舷全速で進みゴムボートの捜索を行なっていた。ちょうどそのとき、ゲオルグ・ヴェルナ

ドイツ・アフリカ軍団を率いて初期戦闘では英軍を圧倒したロンメル元帥だが、補給には大いに苦しんだ。

ー・フラーツ艦長のU652が英機の爆撃を受けて操艦不能になったという緊急連絡が入った。この連絡を受けて我々は急遽針路を変更して二時間後にU652を発見したが、同艦の舵は破壊されてしまいエンジンは作動不能であり潜航ができず半身不随となっていた。

そこで、我々はU562をなんとか牽引してギリシャのピンウス港（アテネ）に向かうことにしたが、地中海を横断してギリシャに達することは空から攻撃される危険があり、この救援牽引が難しいことは明らかだった。もし、牽引中に空から攻撃を受ければ牽引ロープを切断して潜航し、周囲の条件が許すならば海上に残されたU652が三発の手榴弾を海上に投げて、安全を知らせて浮上するという打ち合わせのもとに牽引が開始された。敵の哨戒機が発見されるとU81は緊急潜航し安全になってから浮上して再び牽引を開始した。しかし、U652の艦内浸水は次第にひどくなり牽引はもはや不可能だったので、やむなく乗員をU81に移乗させたのちU652は魚雷をもって沈められた。この結果、二隻の乗員九六名を一隻のUボートに詰め込んだが、ただでさえ狭い艦内の混雑ぶりは想像することもできないほどで、二倍の乗員がいる艦内生活は当然ながらひどい状態となった。潜水艦は通常航海においても調整作業を絶えず行なわねばならず、ことに潜航時には複雑な計算を必要とした。例えば、重量分布やツリム（釣り合い）などであるが、急速潜航時には計算する時間がなく乗員過多は極めて危険な要素となった。

U81はU652の海没作業に一時間ほどかけていたが、このとき航海長が指揮所にいた艦長へ伝声管で『艦長へ、敵潜水艦の攻撃だ！』と知らせてきた。艦長のあとに私が続いて急いで艦橋に出てみると、遠くから四本の魚雷がU81に向かってくる航跡が見え、艦長はU81の艦首を魚雷に向ける緊急操作を行なった。艦内の乗員はこのような緊急事態が起こっていることを知らなかったが、艦橋では皆固唾を飲んで四発の魚雷の突進を見つめていた。しかし魚雷はU81の左右数メートルのところを通過してゆき間一髪で助かった。

こうして、U81はさまざまな危難に遭遇しつつギリシャのピレウスに到着することができたが、港で我々を迎えた基地の要員は一隻のUボートから二隻分の乗員が次々と現われる様子を、信じられない眼付きで眺めていた。ギリシャのサラミス基地への帰着は一九四二年六月三日であった。

英第八軍を率いて補給の乏しいロンメル軍を撃破して、北アフリカの主導権を握ったモントゴメリー大将。

次の任務はパレスチナ海岸部で破壊活動を行なうブランデンブルグ連隊の特殊任務部隊を目的地に運ぶことであった。彼らは北アフリカの沿岸部で幾つかの破壊工作に従事していたが、その一つとしてハイファへ向かう鉄道線路の破壊工作が計画されたものの、なんらかの理由により突然に中止となった。しかも、我々に作戦中止の理由が明らかにされることはなかったのである。また、地中海での哨戒作戦中には幾つもの注目に値する事件も発生した。たとえば、あるとき、ナイル・デルタ地帯（ナイル川はカイロから大デルタを形成して地中海に注ぐ）で英駆逐艦に遭遇した。このときの深度はたった四〇メートルしかなくて、我々にできることはそのまま全速力で水上を逃げることだけだった。しかも、この大事なときに機関室から右舷のクラッチが滑っているという報告があって心配させられたが、英駆逐艦は我々から三・二キロほどの地点でくるりと急旋回すると速度を上げて去ってしまった。幸運の女神は我々に微笑んでくれたのだった。

艦長のグッゲンベルガー大尉は素晴らしい視力の持ち主であり、水平線に見えるどんな黒点でも見逃さずだれよりも早く発見することができた。彼は私の特異な経験――すなわち空軍のパイロットとしての経歴を大きな利点と考えて、航空機の種類や行動パターンといった知識を充分に活用した。ある晩に油で汚染された一羽のかもめが艦のディーゼル・エンジンの排気口にとまっていた。そこで、我々はかもめを艦内に入れて羽を綺麗に拭いてやりヤコブと名づけたが、ヤコブの好物はチーズの皮だった。一方、ある満月の夜にトブルクから哨戒に出た英サンダーランド飛行艇に我々は突然攻撃され、急速潜航によって逃げようとしたが多数の爆雷が空から降って大きな爆発が艦を翻弄した。指揮所にいた我々にとっては艦の中央を万力で固定しておいて、艦首と艦尾を同時に強く上下動させるような揺れが襲った。いずれにせよ、U81はこの生死を分けるような激しい爆雷攻撃により、計器類が吹き飛んで乗員の緊張も頂点に達していた。そのとき、私は自分でもなにかをしようと思ったわけではないが、マイクロフォンを手にとるとゆっくりと、誰にでも分かる口調でこういった。

『ヤコブはどうしているか？』

　すると、驚いたことに艦内の緊張がふっとゆるみ、全ての乗員の顔にゆっくりと微笑が広がったのである。そして、幸運なことに激しい爆雷攻撃にもかかわらずU81には致命的な損傷はなく、爆発の嵐を切り抜けることができたのだった。やがて、勝利を示すペナントを翻してラ・スペシアにもどったが、艦首にはアラビヤの帆船（ダウ船）を衝突させて沈めた椿事を示す大きな傷を見せて基地の要員を驚かせたのである」

連合軍の北アフリカ上陸作戦のために豪華船の多くが兵員輸送船に転用された。

　一九四二年七月にハンス・シュパイデル副長は移動となりU81を離れて艦長コースへ進み、やがてU643（注10－20）の艦長となった。

　U81による空母アークロイヤルの撃沈からちょうど一年後の一九四二年十一月八日に、連合軍の北アフリカ上陸トーチ作戦は始まった。その直前の十一月五日にU81もラ・スペシアから九回目の出撃をして地中海で活動し、十一月十日早朝に護衛艦と英貨物船ガーリングをアルジェ沖で攻撃した。魚雷が命中したガーリングから赤い閃光が走るとすぐに沈没したが、この船は排水量二〇一二トンの旧式な石炭船で船団を組んでいた一隻だった。U81の次の攻撃成功は十一月十三日であるが、この日は奇しくも一年前にU81がアークロイヤルを撃沈したその日であり、アルジェからジブラルタルに向かう六四八七トンの英輸送船マロンをオラン沖で撃沈した。他方、地中海での英駆逐艦の対Uボート戦法と兵器は一年前と異なり格段の進歩を見せて戦闘は激しくなり、U81ほどの幸運に恵まれなかった艦は次々と撃沈された。

十一月十二日から十七日の五日間にこの海域でU660、U605、U595、およびU331（注10―21）の四隻が失われた。U81の今回の哨戒作戦は連合軍の北アフリカ上陸地点に向かう支援船団を攻撃して痛手を与えることであった。この作戦を最後として一九四二年十二月にグッゲンベルガーはU81を去って、その後はU513（注10―22）の艦長となったが、一九四三年七月十九日にブラジル沖で航空攻撃により撃沈された。グッゲンベルガー大尉はすでに一九四一年十二月十日に騎士十字章を授与されたほか、一九四三年一月八日に柏葉騎士十字章も授与され一〇隻六万八四二四トンを撃沈した。

さて、U81の次の艦長は一九三七年に海軍兵学校を卒業したヨハン（ハノー）・オットー・クレイグ中尉である。実はクレイグはずっとU81の次席士官だったが、一九四二年七月にU81を去って艦長コースに進んだのち、訓練艦U142（注10―23）の艦長として数ヵ月をすごしたのちに、再びU81の艦長としてもどってきたという経歴の持ち主だった。

U81は一九四三年一月三十一日にポーラから一一回目の出撃を行ない、二月五日の午前中

北アフリカに続き1943年秋に連合軍のシシリー島上陸作戦が行なわれた。

に北アフリカ沿岸のトブルク付近でタンカーを攻撃した。しかし、魚雷発射の後に二発の爆発音を聴取するも攻撃は不成功に終わった。四日後の二月九日に小型船を甲板砲の砲撃によって撃沈し、翌日の夕刻に六六七一トンのオランダ船サロエナを魚雷によって沈めると二月十九日にサラミスに帰投した。一二回目の哨戒作戦は一九四三年三月六日から四月七日までの一ヵ月を東地中海で行動し、三月二十日にパレスチナ沖で二隻の帆船を砲撃で沈め、それから九日目に小型のエジプト船を魚雷で撃沈した。すでに北アフリカの連合軍は独伊枢軸軍を掃討して戦場の主導権を握り、五月十二日にはチュニジアにおけるドイツ・イタリア軍の組織的な抵抗が終了し北アフリカ戦は終わった。

地中海のUボートは五月にカサブランカ沖で機雷敷設を行ない、さらに海域を拡大してギリシャ付近、シシリー島やサルジニア島の沿岸にも機雷を敷設した。U81は東地中海へ六月六日から一三回目の出撃を行ない、六月十七日にGTX2船団の八一三一トンの汽船ヨーマを撃沈した。六月二十六日には三七四二トンのギリシャ船ミカリオスをラタキァ（地中海にのぞむシリア西部）の西方一・六キロにおいて魚雷で沈めたほかに三隻の帆船を砲撃で仕留めた。

一九四三年七月十日、ついに連合軍はシシリー島に侵攻するハスキー上陸作戦を実施して欧州大陸反攻の最初の足場が築かれた。このためにシシリー島侵攻を阻止しようと派遣されたU224、U443、U83（注10―24）は地中海に入る前に撃沈されてしまい、地中海に残ったUボートに多くの任務が課せられることになった。U81の次の目標はシシリー島上陸作戦中の連合軍艦船が集結するシラクサ港とされたが、艦は修理のためにサラミス港にしばらく係留されていて、艦内高温により乗員の八〇パーセントが体調をひどく崩して嘔吐や下痢症状を呈して苦しんでいた。

以下は「ハノー」・クレイグ艦長の手記である。

「乗員の多くが体調を悪くしていたが嘔吐や下痢の発生は付近の蚊の媒介する菌によるもので、普通下痢と嘔吐は五～一〇日間くらい続く。このような乗員の状態に対して医官は出撃に反対したが、私は事態が一刻の猶予もならないと判断して出撃したのは七月十四日であった。私の計画では潜航を優先させて、ゆっくりと目的地であるシシリー島付近に到着して攻撃のタイミングを図ろうというものだった。我々はクレタ島（地中海東部・エーゲ海に位置するギリシャ最大の島）とギリシャの間の海を西方に針路をとっていたが、下痢の乗員が多く艦内が不衛生になってきた。なにしろ五四名もの乗員のために使用できるトイレ（注10―

1943年7月21日、シシリー島のシラクサ湾に停泊する連合軍の大船団にたいして、U81は、単艦、港内へ大胆にも侵入して、魚雷攻撃を行なった。

25）が一ヵ所ではどうにもならなかった。しかし、幸いにも数日後には半病人だった乗員の多くが回復し始めて、我々は戦闘に耐え得ると自信を持てるようになった。

本艦の航行位置が不確実ではないかという心配があった。これはこの海域での方位無線が使用できず、艦位を確定するためのいつもの天測航行ができないという二つの理由があったからである。実際にクレタ島を過ぎてから天測が行なえず、今は推測航法に頼る以外に方法がなかった。七月二十一日の夜明けに潜望鏡をとおして見られた海上の状況は霧が少し出て天候は曇っていた。午前十時ころ視界はやや改善されてずっと西方に多数の阻塞気球が見えた。我々の推定位置は目標とした船団から四八キロも離れていたので、これらの気球は航空機の攻撃を阻止するために船団の上空に浮かぶ係留気球と考えた。そして、この推定が正しければその方角に船団が存在するはずだった。しかし、我々の聴音機は推進器音を捉えることができず、十時十五分にもう一度潜望鏡を海上に出した。しかし、私の目に入ったのはなんと西方に聳えるシシリー島の山々だったのである。同時に我々は連合軍が物資を揚陸するシラクサ港からいくらか離れた位置にあることが分かった。

そこで私は綿密に海図を研究してから潜望鏡深度に艦を上げて可能な限り港に接近していったが、そこはUボートと海底との距離がたった二、三メートルという危険な浅い海域だった。だが、我々はそっと港に忍び寄って観察すると係船設備に二隻の大型の客船から転換された兵員輸送船が見られ、港の入り口には護衛艦が煙突からゆるやかに煙を吐きながら停泊していた。また、港の入り口の東方四・六キロには旗のついたブイ（浮き）が設置されていて、これが入港する船の航路目印と考えられ、そこを通過すればよいのだと判断できた。だが、ブイの周辺をうろうろするのは危険であるし、我々の艦はかろうじて海底の上にあるため、へたをすると機雷原の中へ入ってゆくかも知れなかった。だが、私はそのまま針路を保持してブイの間を抜けると停泊地付近へと向かった。

この日の正午に護衛艦は港の入り口の哨戒活動を中止すると、同時に上陸用舟艇が我々の頭上付近で八十メートルほど離れた所を航行して停泊地に入っていった。聴音機を使用することは我々の存在を暴露するかもしれないが、海底の状況を知ることはもっと大事なことであり、私はその危険な方法を選んだが、Uボートの艦底から海底まではたった二メートルしかなかった。

私は港内の二隻の兵員輸送船を目標にした。

『全発射管発射準備！』

『単管発射！』

私は次々と命令を下した。

それまで乗員を圧迫していた重苦しい緊張が吹き飛び、私は『魚雷発射！』を四度叫んだ。そして、『右舷旋回もとの針路にもどる』と指示を与え、艦が旋回して向きを変えると、私は最後の魚雷を艦尾発射管から船の停泊地に向けて発射した。我々の旋回が完了する直前に最初の魚雷は当初の目標だった大きな兵員輸送船に正確に命中し、爆発は二、三、四回と続き魚雷攻撃は成功した。

私は兵員輸送船に命中した魚雷の爆発煙は見ていないが、目標までの到達時間が早すぎたと感じ、恐らく防潜網に阻止されたのではないかと思っている。さらに私は停泊地の中心部における爆発効果を確認することはできなかった、これは港の外へ脱出するために我々が侵入してきた港の入り口の目印ブイを潜望鏡で見つけることに全神経を払っていたからである。Uボートが浅い深度で移動すると潜望鏡付近に渦が起こって艦の存在を暴露するため、我々は微速運動で非常に慎重に移動していったが、聴音機には多数の小型艦艇が停泊地の中で動き回っているのが感知された。敵もまさかこのように浅い水路を通過して港の中までUボートが入り込むことはあり得ないと考えていたのであろう。いずれにせよ、我々はまだ発見されず、静かに港の外側の目標ブイに到達し、さらに深い海域へと向かい脱出することができた。そして、このような緊張をもたらす数時間と、その対価である『攻撃の成功』は体調を崩していた多くの乗員たちに良好な治療効果をもたらした。乗員たちの病気回復が始まると

Uボートの通信室(左)とエニグマ暗号機——英国は解読不能といわれたエニグマ暗号をブレッチェリー暗号解読センターで解読し、ウルトラ情報としてUボート壊滅戦に役立てた。

そのペースは早く、ついにトイレットの表示が『空』を示すようになったのである」

この攻撃で一万二〇〇〇トンの船は艦長の推定どおり防潜網によって救われたが、七四七二トンの英船エンパイア・ムーンは重大な損傷を受けていた。翌日の早朝にU81は地中海の反対側に現われると、八月六日の昼にトブルク沖で獲物を攻撃し、四発の爆発音が聴かれたがその結果を見ることはできなかった。一九四三年九月八日にイタリアが降伏するという悪いニュースがもたらされ、チトーの率いるユーゴスラビアのパルチザンがイタリア軍部隊の武装解除を始めた。これにともない第29Uボート戦隊司令部のあったポーラへの空襲がなくなるとともに、都市部では対空砲の要員が全くいなくなってしまい、ある意味で港に停泊中のU81は安全であった。十一月十日にU81は一八回目の出撃を行ないタラント湾（地中海・イタリア南部）へ向かい、十一月十八日にイタリア船と二八八七トンの英船エンパイア・ダンスタンを魚雷で沈めた。この撃沈は「ハノー」・クレイグの最後の戦果となり騎士十字章を受章した。

連合軍戦略航空軍司令部は全てのドイツの港湾に対する爆撃を強化することにし、ポーラも再びその目標の一つとなり、ほとんど無防備に近い港は米空軍戦略爆撃部隊にとっては楽な標的となった。一九四四年一月九日の爆撃でU81は戦闘不能となり旧イタリア潜水艦ノーティロも被弾した。この爆撃によって歴戦のU81が戦闘不能になったことを連合軍の情報部はまだ知らなかった。しかし、英国のブレッチェリー暗号解読センター（Xセンター＝注10－27）は、数種のエニグマ海軍暗号のうち一九四三年初期からUボートが用いた地中海方面暗号（メドゥゼと呼ばれ、大西洋方面暗号はトリートンだった）を解読して、初めてU81が有名な航空母艦アークロイヤルを撃沈したことを知ったのだった。

U81は一八回の哨戒作戦をこなして二六隻三万九五一五トンを撃沈した。グッゲンベルガーとクレイグの二人の艦長は、トップエース三〇人には入らなかったが傑出したUボート戦のエースとなったのである。

10－1　**航空母艦カレージアス**●グローリアスとともに一次大戦型の軽巡洋戦艦で空母に転換されてカレージアス級と呼ばれた。標準排水量二万二五〇〇トンで一九二八年に近代化され、一九三九年九月十七日にU29に雷撃され沈没。

10－2　**スカパ・フロー**●スコットランド北部ペントランド海峡の向こう側がオークニー諸島で、諸島内にあるスカパ海峡の一番奥に位置する英本国艦隊の停泊地。

10－3　**ブラックバーン・スクァ軽急降下爆撃機**●ブラックバーン社の艦上攻撃機で生産機数は二〇〇機ほどで、大戦初期に急降下性能を生かしてUボート哨戒に用いられた。

10—4 **U39（ⅨA型）**●一九三八年十二月十日就役。艦長はゲァハルト・グラテス大尉。一九三九年九月十四日、開戦初期にスコットランド付近大西洋のセント・キルダ島北西にて駆逐艦の砲撃で沈没。Uボート最初の喪失艦となった。

10—5 **主電動機**●Uボートは洋上航走を行なう二基のディーゼル・エンジン以外に、潜航時使用の電動モーターを搭載した。バッテリーを用いて海中を二〜四ノットで最大三日間程度は潜航可能とされたが、運用状況や乗員の艦内酸素消費など各種条件により実際はずっと短かった。

10—6 **ドルニェDo17爆撃機**●ドイツ空軍が大戦初期に用いた双発軽爆撃機だが、すぐに改良されたDo217になった。総生産数は一七三〇機である。

10—7 **ホーホー卿**●本名ウィリアム・ジョイスといい、英国ファシスト党をへてドイツに渡り、戦時中、英国向け宣伝放送を担当し、その騒々しい喋り方からホーホー卿と呼ばれた。戦後逮捕され裏切り者として断罪された。

10—8 **グラーフ・シュペー**●ベルサイユ条約の制約から生まれた一万トン級のポケット戦艦（装甲艦）三隻中の一隻で、洋上の通商破壊戦が主目的だった。シュペーは南米沖で英艦隊と交戦し、一九三九年十二月十七日、モンテ・ヴィディオ河口で自沈した。

10—9 **戦艦フッド**●一次大戦中の一九一八年建造の巡洋戦艦で、標準排水量は四万六六八〇トンだが速力重視で装甲が弱かった。そのために一九四一年五月二十四日、北大西洋でドイツ戦艦ビスマルクの砲撃を受けて爆沈する。

10—10 **U46（ⅦB型）**●一九三八年十一月二日就役。艦長はヘルベルト・ゾーラー大尉、エンゲルベルト・エンドラス大尉ほか七名で二七隻一三万七三五五トンを撃沈し五隻損傷。

一九四五年五月四日、フレンズブルグで自沈。

10－11 **戦艦ビスマルク**●ドイツ最大の戦艦で基準排水量は四万二九〇〇トンあり、日本海軍の「大和」型が出現するまで世界最大の戦艦といわれた。一九四一年五月二十七日に通商破壊戦（ライン演習）に出撃の途上、北大西洋で英艦隊の追撃と猛砲撃を受けて沈没した。

10－12 **重巡プリンツオイゲン**●四隻あった重巡洋艦（基準排水量一万二七五〇トン）の一隻で、一九四一年五月にビスマルクとともに通商破壊戦に出るが、戦闘中離脱してブレストにもどる。戦後クェゼリン環礁で核実験に供された。

10－13 **ハリケーン戦闘機**●マルタ島は地中海中央にある戦略上重要な英領の島で、ここの航空基地から発進する英機が、北アフリカ戦線の独伊軍の補給に向かう輸送船団を攻撃した。

10－14 **U432（ⅦC型）**●一九四一年四月二十六日就役。艦長はハインツ・オットー・シュルツェ大尉ほか一名で一九隻六万七一七二トンを撃沈し駆逐艦も沈めた。一九四三年十一月三日、北大西洋にて爆雷攻撃で沈没。

U652（ⅦC型）●一九四一年四月三日就役。艦長はゲオルグ・ヴェルナー・フラーツ中尉で三隻一万一五六二トンを撃沈し二隻損傷。ほかに駆逐艦二隻を沈めた。一九四二年六月二日、エジプト沿岸バルジア北東にて航空攻撃で沈没。

10－15 **U82（ⅦC型）**●一九四一年五月十四日就役。艦長はジークフリート・ロールマン大尉で八隻五万一七九六トンを撃沈し一隻損傷。ほかに駆逐艦を沈めた。一九四二年二月七日、アゾレス諸島北東にて爆雷攻撃で沈没。

U433（ⅦC型）●一九四一年五月二十四日就役。艦長はハンス・エィ中尉。雷撃で一隻損傷。一九四一年十一月十六日、地中海のスペイン・マラガ南方にて爆雷で沈没。

U207（VIIC型）●一九四一年六月七日就役。艦長はフリッツ・メイヤー中尉で三隻一万一二九七トンを撃沈。一九四一年九月十一日、デンマーク海峡において爆雷攻撃で沈没。

U202（VIIC型）●一九四一年三月二十二日就役。艦長はハイン・ハインツ・リンデル大尉ほか一名で八隻三万四五九六トンを撃沈し四隻損傷。一九四三年六月二日、フェアウェル岬（グリーンランド）南南東にて爆雷で沈没。

U84（VIIB型）●一九四一年四月二十九日就役。艦長はホルスト・ウプホフ大尉で六隻二万九九〇五トンを撃沈し一隻損傷。一九四三年八月二十四日、アゾレス諸島南西にて航空攻撃で沈没。

U98（VIIC型）●一九四〇年十月十二日就役。艦長はコベルト・ギュザエ大尉ほか三名で一〇隻五万二二二五トンを撃沈した。一九四二年十一月十五日、スペインのイベリア半島サン・ヴィセンテ岬南東にて爆雷で沈没。

U352（VIIC型）●一九四一年八月二十八日就役。艦長はヘルムート・ラトケ大尉。一九四二年五月九日、米東岸ルックアウト岬南方にて爆雷攻撃で沈没。

10-16 **U205（VIIC型）**●一九四一年五月三日就役。艦長はフランツ・ゲオルグ・レシュケ大尉ほか一名で一隻二六二三トンを沈めたほか、英巡洋艦ハーミオネを撃沈した。一九四三年二月十七日、リビヤ北東部デルナ西方にて爆雷攻撃で沈没。

10-17 **空母アーガス**●カレージアス・クラスと呼ばれる一次大戦型巡洋戦艦から転換された英初期空母で基準排水量は一万五七五〇トン。

10-13 **フルマー機**●英フェアリー・フルマー艦上戦闘機は五〇〇機生産され、空母に搭載されてUボートの哨戒に活動した。

10―19　空母フューリアス●艦隊航空母艦で基準排水量二万二四五〇トン。一九四二年五月、ドイツ空軍による空からの攻撃で被弾。

10―20　U643（VIIC型）●一九四二年十月八日就役。艦長はハンス・ハラルト・シュパイデル大尉。一九四三年十月八日中央大西洋にて航空攻撃で沈没。

10―21　U660（VIIC型）●一九四二年一月八日就役。艦長はゲッツ・バウアー大尉で二隻（十一隻共同）一万二二八六トンを撃沈し一隻損傷。一九四二年十一月十二日、地中海オラン北西にて爆雷攻撃で沈没。

U605（VIIC型）●一九四二年一月十五日就役。艦長はヴィクター・シュッツェ大尉で三隻八四〇九トンを撃沈。一九四二年十一月十四日、地中海アルジェリアのフェラ岬北西にて航空攻撃で沈没。

10―22　U513（IXC型）●一九四二年一月十日就役。艦長はロルフ・リュッゲベルグ少佐とフリードリッヒ・グッゲンベルガー大尉で六隻二万九九四〇トンを撃沈し二隻損傷。一九四三年七月十九日、南米ブラジル・フロリアノポリス北東にて航空攻撃で沈没。

10―23　U142（IID型）●一九四〇年九月四日就役。艦長はニコライ・クラウゼン中尉ほか七名が指揮したが、おおむね訓練艦だった。一九四五年五月二日、ヴィルヘルムスハーフェンで自沈。

10―24　U224（VIIC型）●一九四二年六月二十日就役。艦長はハンス・カール・コスバト中尉で二隻九六一四トンを撃沈。一九四三年一月十三日、アルジェリアのクラミス岬沖にて爆雷で沈没。

U443（ⅦC型）●一九四二年四月十八日就役。艦長はコンスタンチン・フォン・プットカマー中尉で三隻一万九四三五トンを撃沈し、ほかにコルベット護衛艦を沈めた。一九四三年二月二十三日、地中海アルジェ北東にて爆雷攻撃で沈没。

U83（ⅦB型）●一九四一年二月八日就役。艦長はハンス・ヴェルナー・クラウス大尉ほか一名で六隻八三二五トンを撃沈し二隻損傷。一九四三年三月八日、アルジェリア・テネス北北西にて航空攻撃で沈没。

10―25

トイレ●主力艦のⅦC型は艦内に二ヵ所のトイレがあったが、通常一ヵ所は食料や補給品を格納するため、しばらくの間乗員四四名は一ヵ所のトイレを使用せねばならなかった。

10―26

ブレッチェリー解読センター●ロンドン近郊ブレッチェリー・パークにあった英暗号解読センターで、Xセンターあるいは単にブレッチェリーと呼ばれた。最盛時には二万人が勤務し、解読不能と言われたドイツのエニグマ暗号を解読しウルトラ情報として、チャーチル首相始め連合軍最高司令部に提供し、ドイツが何を考えどう計画しているのかを知ることで戦争の勝利に役立てた。

○ Uboats, David Miller, Conway, 2000
（Uボート・デービッド・ミラー著・コーンウェー刊・2000年）
○ Verband Deutscher Ubootsfahrer, Schaltung Kuste.
（ドイツUボート協会ジャーナル各冊）
○ War at Sea, Captain S. W. Roskill, HMSO, 1954（4 volumes: The Official history of the war at sea 1939-1945）
（海戦・1939年―45年の海戦公式記録・S. W. ロスキル著・HMSO刊・4巻）
○ War in the Southern Oceans 1939-1945, L. Turner, Oxford University Press 1961
（南大西洋の戦い1939年―1945年・L・ターナー著・オックスフォード大刊・1961年）
○ The U-boat Offensive 1914-1945, V.E. Tarrant, Naval Institute Press 1989
（Uボート作戦1914年―1945年・タラント著・海軍協会出版刊・1989年）
○Uボート入門：広田厚司著・光人社刊・2003年
○エニグマ暗号戦：広田厚司著・光人社刊・2004年

以下記載の機関のご協力を得ましたので記して感謝の意を表します。
○ The Public Record Office, London
（王立記録保存所・ロンドン）
○ Imperial War Museum, London
（帝国戦争博物館・ロンドン）
○ RAF Museum Library, Hendon
（英空軍博物館図書館・ヘンドン）
○ National Maritime Museum, Greenwich
（国際海事博物館・グリーニッチ）

下記掲載の公的機関および個人のご好意により写真の提供を受けました。著者より深くお礼申し上げます。
Photograph acknowledgements：
（Photographs are reproduced by courtesy of the following persons and institutions, to whom the author extends his gratitude）
○ Imperial War Museum, London
○ Uboat Archive, Cuxhaven
○ National Archives, Washington D. C.
○ National Maritime Museum, Greenwich
○ Jeff Pavey, Yorkshire, U. K.
○ Atsuhsi Hirota（Author）

○ Handbuch fur U-boote-Kommandanten, Berlin, 1942
（Uボート艦長ハンドブック・マニュアル・1942年）
○ History of United States Naval Operations in World War II, Samuel Eliot Morison, Little Brown, 1990
（二次大戦の米海軍作戦・サミュエル・エリオット・モリソン著・リトル・ブラウン刊・1990年）
○ Knight's Cross holders of the U-Boat Service, Franz Kurowski, Schiffer, 1995
（Uボート戦の騎士十字章保持者・フランツ・クロースキー著・シーファー刊・1995年）
○ Ten Years and 20 days, Karl Donitz, Weidenfeld and Nicolson, 1959
（10年と20日・カール・デーニッツ著・ヴァイデンフェルト・ニコルソン刊・1959年）
○ The Hunters and Hunted, Jochen Brennecke, Burke, 1958
（狩るものと狩られるもの・ヨッヘン・ブレネック著・バーク刊・1958年）
○ The Longest Battle, John Harbon, Vanwell, 1993
（もっとも長い戦い・ヨッヘン・ハーボン著・ヴァンウェル刊・1993年）
○ The Merchant Navy Fights Tramps Against U-boats, Divine, Murray, 1940
（商船隊貨物船対Uボート戦・ディバイン著・マーレー刊・1940年）
○ The Merchant Navy goes to War, B. Edward, Hale, 1990
（商船隊戦争に突入・B・エドワード著・ホール刊・1990年）
○ The U-boat Archive Journal（English Edition）, Uboot Archiv, Cuxhaven, Germany
（Uボート・アーカイブ・ジャーナル（英語版）・Uボート・アーカイブ刊）
○ The U-boat Hunters, Anthony Watts, Macdonald & Jane, 1977
（Uボートのハンターたち・アンソニー・ワッツ著・マクドナルド・ジェーン刊・1977年）
○ The Underwater War 1939-45, Richard, Compton Hall.
（海面下の戦い1939年—45年・リチャード著・コンプトンホール刊）
○ U-boat Operations of the Second World War, Kenneth Wynn, Chatham Publishing, 1998（二次大戦のUボート作戦・ケネス・ウィン著・チャタム出版・1998年）
○ U-boots in the Atlantic, Beaver Paul, 1979
（大西洋のUボート・ビーバー・ポール著・1979年）
○ Uboat Fact File 1935-1945, Peter Sharpe, Midland Publishing, 1998
（Uボート・ファクト・ファイル　1935年—1945年・ピーター・シャープ著・ミッドランド出版刊・1988年）

主要参考文献・資料

○ Allied Escort Ships of World War II, Peter Elliott, Macdonald & Jane, 1977
（二次大戦の連合軍護衛艦・ピーター・エリオット著・マクドナルド・ジェーン刊・1977年）
○ American Warplanes of World War II, David Donald, Airtime, 1995
（二次大戦米国の軍用機・デービッド・ドナルド・エァタイム刊・1995年）
○ Britain's Sea War A diary of ship losses 1939-1945, John. M. Young, Stephens, 1989
（英国海の戦い喪失艦船日誌1939年—45年・ジョン・M・ヤング著・ステフェン刊・1989年）
○ British Battleships and Aircraft Carriers, H. T. Lenton, Macdonald, 1972
（英国の戦艦と航空母艦・H. T. レントン著・マクドナルド刊・1972年）
○ British Vessels Lost at Sea 1914-18 and 1939-45, HMSO, 1988
（英国の海上喪失船舶・1914年—18年および1939年—45年・HMSO刊・1988年）
○ British Warplanes of World War II, Daniel, J. March, Aero Space, 1998
（二次大戦英国の軍用機・ダニエル・マーチ著・アエロスペース社・1998年）
○ Chronology of the War at Sea 1939-1945, G. Hummerlchen, Greenhill, 1992
（1939年—1945年・海上戦年表・G.　ハマーリッヘン著・グリンヒル刊・1992年）
○ Die Deutschen Kriegsschiffe 1914-1945, Erich Groner, J. F. Lehmanns, 1968
（ドイツ海軍艦艇1914年—45年・エーリッヒ・グローナー著・J・F・レーマン刊・1968年）
○ Die Deutschen U-Boote- Kommandaten, Verlag E. S. Mittler & Sohn, 1996
（ドイツUボート艦長・フェアーク・ミテラー・ウント・ゾーン刊・1996年）
○ Die Handelsflotten der Welft, 1942, J. F. Lehmanns 1976 Edition
（船舶名簿・1942年以前の極秘書類・J. F. レーマン刊・1976年板）
○ German War Ships of the Second World War, H. T. Lenton, Macdonald, 1975
（二次大戦ドイツの戦闘艦艇・H・T・レントン著・マクドナルド刊・1975年）

NF文庫書き下ろし作品

NF文庫

恐るべきUボート戦　新装版

二〇一八年十月二十三日　第一刷発行

著　者　広田厚司

発行者　皆川豪志

発行所　株式会社　潮書房光人新社

〒100-8077　東京都千代田区大手町一-七-二

電話／〇三-六二八一-九八九一(代)

印刷・製本　凸版印刷株式会社

定価はカバーに表示してあります

乱丁・落丁のものはお取りかえ致します。本文は中性紙を使用

ISBN978-4-7698-3092-4　C0195

http://www.kojinsha.co.jp

NF文庫

刊行のことば

第二次世界大戦の戦火が熄《や》んで五〇年――その間、小社は夥しい数の戦争の記録を渉猟し、発掘し、常に公正なる立場を貫いて書誌とし、大方の絶讃を博して今日に及ぶが、その源は、散華された世代への熱き思い入れであり、同時に、その記録を誌して平和の礎とし、後世に伝えんとするにある。

小社の出版物は、戦記、伝記、文学、エッセイ、写真集、その他、すでに一、〇〇〇点を越え、加えて戦後五〇年になんなんとするを契機として、「光人社NF（ノンフィクション）文庫」を創刊して、読者諸賢の熱烈要望におこたえする次第である。人生のバイブルとして、心弱きときの活性の糧《かて》として、散華の世代からの感動の肉声に、あなたもぜひ、耳を傾けて下さい。